用于国家职业技能鉴定

国家职业资格培训教程

室内环境治理员

（高级）

编审委员会

主　任　刘　康
副主任　原淑炜
委　员　吴吉祥　李振海　李登新　俞玉龙
　　　　王　芳　徐亚同　丁臻敏　郑裕民
　　　　陈　蕾　张　伟

编审人员

主　编　吴吉祥　李振海
主　审　俞玉龙
审　稿　郑裕民　王　芳

中国劳动社会保障出版社

图书在版编目(CIP)数据

室内环境治理员：高级/中国就业培训技术指导中心组织编写．—北京：中国劳动社会保障出版社，2010

国家职业资格培训教程

ISBN 978-7-5045-8776-3

Ⅰ.①室… Ⅱ.①中… Ⅲ.①居住环境-环境污染-污染防治-技术培训-教材 Ⅳ.①X21

中国版本图书馆CIP数据核字(2010)第245153号

中国劳动社会保障出版社出版发行

（北京市惠新东街1号　邮政编码：100029）

出版人：张梦欣

*

北京市艺辉印刷有限公司印刷装订　新华书店经销

787毫米×1092毫米　16开本　8印张　137千字

2011年1月第1版　2018年5月第5次印刷

定价：17.00元

读者服务部电话：(010)64929211/64921644/84626437

营销部电话：(010)64961894

出版社网址：http://www.class.com.cn

版权专有　　侵权必究

如有印装差错，请与本社联系调换：(010)50948191

我社将与版权执法机关配合，大力打击盗印、销售和使用盗版图书活动，敬请广大读者协助举报，经查实将给予举报者奖励。

举报电话：(010)64954652

前　言

为推动室内环境治理员职业培训和职业技能鉴定工作的开展，在室内环境治理员从业人员中推行国家职业资格证书制度，中国就业培训技术指导中心在完成《国家职业标准·室内环境治理员》（试行）（以下简称《标准》）制定工作的基础上，组织参加《标准》编写和审定的专家及其他有关专家，编写了室内环境治理员国家职业资格培训系列教程。

室内环境治理员国家职业资格培训系列教程紧贴《标准》要求，内容上体现"以职业活动为导向，以职业能力为核心"的指导思想，突出职业资格培训特色；结构上针对室内环境治理员职业活动领域，按照职业功能模块分级别编写。

室内环境治理员国家职业资格培训系列教程共包括《室内环境治理员（基础知识）》《室内环境治理员（中级）》《室内环境治理员（高级）》《室内环境治理员（技师）》4本。《室内环境治理员（基础知识）》内容涵盖《标准》的"基本要求"，是各级别室内环境治理员均需掌握的基础知识；其他各级别教程的章对应于《标准》的"职业功能"，节对应于《标准》的"工作内容"，节中阐述的内容对应于《标准》的"技能要求"和"相关知识"。

本书是室内环境治理员国家职业资格培训系列教程中的一本，适用于对高级室内环境治理员的职业资格培训，是国家职业技能鉴定推荐辅导用书，也是高级室内环境治理员职业技能鉴定国家题库命题的直接依据。

本书在编写过程中得到上海市室内环境净化协会的大力支持与协助，在此表示衷心的感谢。

中国就业培训技术指导中心

目录

CONTENTS 国家职业资格培训教程

第1章 污染评估 ……………………………………………（1）

第1节 实施检测 ……………………………………………（1）

学习单元1 编写检测方案 …………………………………（1）

学习单元2 组织现场测试 …………………………………（14）

第2节 分析污染源 …………………………………………（21）

学习单元1 勘察室内环境状况并判断污染源 ……………（21）

学习单元2 室内环境品质的健康效应与评估方法 ………（32）

思考题 ………………………………………………………（43）

第2章 治理施工 ……………………………………………（45）

第1节 选择室内环境治理方法 ……………………………（45）

学习单元1 室内环境治理方法 ……………………………（45）

学习单元2 编制室内环境治理方案 ………………………（74）

第2节 组织施工 ……………………………………………（84）

学习单元1 各种治理方法的工艺要求与施工注意事项 …（84）

学习单元2 现场施工管理 …………………………………（88）

思考题 ………………………………………………………（95）

第3章 设备维护与药剂材料管理 ……………………………………（97）

第1节 设备维护 ……………………………………………………（97）
学习单元1 常见净化设备的结构特点 ……………………………（97）
学习单元2 常见净化设备的维护保养 ……………………………（105）

第2节 常见净化、消毒药剂的管理 ………………………………（111）
学习单元1 常见净化、消毒药剂的基本性能 ……………………（111）
学习单元2 常见净化、消毒药剂的核验与储存 …………………（116）
思考题 ………………………………………………………………（120）

第1章 污染评估

第1节 实施检测

学习单元1 编写检测方案

学习目标

- 了解室内环境现场检测的目的与要求
- 了解室内环境污染物测试的相关标准
- 了解室内环境常见的测试项目
- 掌握室内环境现场检测方案的编写方法

知识要求

1. 室内环境现场检测的目的与要求

室内环境现场检测就是在特定的室内现场,采用规范、科学的方法,以间歇或连续的形式,定量地测定室内环境因子及其他与人体或室内环境相关的污染物的浓度变化，观察并分析其环境影响过程与程度。室内环境现场检测是实施室内环境评价、规划与治理必要的前期工作。

(1) 室内环境现场检测的目的

室内环境现场检测的目的是及时、准确、客观地反映室内环境质量的现状，为室内环境评价、规划、治理提供科学的数据，主要包括以下几个方面：

1) 寻找、追踪污染源，为发现、治理污染源提供依据。针对污染源的治理是室内环境治理最为直接、有效、经济的途径。

2) 确定影响室内环境品质的环境因子，确定污染物及其浓度，为制订室内环境治理方案提供本底状况与具体的数据。

影响室内环境品质的环境因子有许多种，不同性质的室内环境中存在的污染物的种类与浓度也各不相同。在制订室内环境治理方案前，确定需要治理的污染物的种类及其浓度十分重要。《民用建筑工程室内环境污染控制规范》（GB 50325—2001）规定室内环境需要控制的污染物有5种，即甲醛、苯、氨、TVOC（总挥发性有机化合物）与氡。《室内空气质量标准》（GB/T 18883—2002）规定室内环境需要控制的污染物有15种，分别为：甲醛、苯、甲苯、二甲苯、氨、TVOC（总挥发性有机化合物）、氡、苯并[a]芘、二氧化硫、二氧化碳、二氧化氮、一氧化碳、臭氧、可吸入颗粒物与细菌总数。对于不同种类、不同浓度的污染物，治理的方法与成本差别很大。一般的室内环境中，可能存在1种或同时存在几种污染物，但是几乎不可能存在全部污染物。因此，有必要在制订治理方案前，确定目标污染物的种类及其浓度，以便制订出最为合理、有效与经济的治理方案。

3) 为进行室内环境评价、规划，实施室内环境质量的达标控制、总量控制提供依据。

4) 为贯彻、实施室内环境的有关法规、标准提供依据。

5) 室内环境现场检测是室内环境建设与治理等项目验收时的重要依据。

(2) 室内环境现场检测的要求

1) 快速。采用现代先进的传感与显示技术制作的现场简易测试仪，可以快速了解室内环境的污染源、污染物及其浓度，有利于开展室内环境评价、规划与治理等工作。

2) 真实。现场检测要求采样时间、采样地点以及采集的样品能够反映室内环境的真实情况。

3) 准确。现场检测的测定值应能够准确反映室内环境的真实情况，必须将测试误差减少到允许的范围内。

4) 全面。现场检测的方案与实施计划应当全面、完整，不要漏项、漏检，要保证采样数量和测定数据的完整、连续。

5) 可比。现场检测的方法与仪器应具有可比性，具有重复性，测试数据可以验证。

需要说明的是，目前用于现场快速检测的许多便携式仪器尚没有列入国家的规范。对于用以提供法定数据的检测，必须按照国家规定的测试方法进行现场采样与实验室分析。

2. 室内环境现场检测的依据

表1—1归纳了到目前为止的与室内环境现场检测相关的国家标准与规范，表1—2归纳了与室内环境现场检测方法相关的国家标准与规范，它们是室内环境现场检测的依据。

表1—1　　　　与室内环境现场检测相关的国家标准与规范

序号	标准名称	标准号
1	室内空气质量标准	GB/T 18883—2002
2	居室空气中甲醛的卫生标准	GB/T 16127—1995
3	民用建筑工程室内环境污染控制规范	GB 50325—2001
4	住房内氡浓度控制标准	GB/T 16146—1995
5	环境空气质量标准	GB 3095—1996
6	室内空气中二氧化碳卫生标准	GB/T 17094—1997
7	室内空气中二氧化硫卫生标准	GB/T 17097—1997
8	室内空气中氮氧化物卫生标准	GB/T 17096—1997
9	室内空气中臭氧卫生标准	GB/T 18202—2000
10	室内空气中细菌总数卫生标准	GB/T 17093—1997
11	室内空气中可吸入颗粒物卫生标准	GB/T 17095—1997
12	居住区大气中苯并[a]芘卫生标准	GB 18054—2000
13	室内空气质量卫生规范	卫法监发 [2001] 255号
14	旅店业卫生标准	GB 9663—1996
15	文化娱乐场所卫生标准	GB 9664—1996
16	公共浴室卫生标准	GB 9665—1996
17	理发店、美容店卫生标准	GB 9666—1996
18	游泳场所卫生标准	GB 9667—1996
19	体育馆卫生标准	GB 9668—1996
20	图书馆、博物馆、美术馆、展览馆卫生标准	GB 9669—1996

续表

序号	标准名称	标准号
21	商场（店）、书店卫生标准	GB 9670—1996
22	医院候诊室卫生标准	GB 9671—1996
23	公共交通等候室卫生标准	GB 9672—1996
24	公共交通工具卫生标准	GB 9673—1996
25	饭馆（餐厅）卫生标准	GB 16153—1996
26	工业企业设计卫生标准	GBZ 1—2002
27	工作场所有害因素职业接触限值	GBZ 2—2002
28	公共场所集中空调通风系统卫生管理办法	卫监督发〔2006〕53号
29	公共场所集中空调通风系统卫生规范	卫监督发〔2006〕58号
30	公共场所集中空调通风系统卫生学评价规范	卫监督发〔2006〕58号
31	公共场所集中空调通风系统清洗规范	卫监督发〔2006〕58号

表1—2 与室内环境现场检测方法相关的国家标准与规范

序号	测试项目	标准名称	标准号
1	甲醛	分光光度法 乙酰丙酮分光光度法 酚试剂比色法	GB/T 16129—1995 GB/T 15516—1995 GB/T 18204.26—2000
2	氨	纳氏试剂比色法 离子选择电极法 次氯酸钠—水杨酸分光光度法	GB/T 14668—1993 GB/T 14669—1993 GB/T 14679—1993
3	苯、甲苯和二甲苯	气相色谱法	GB 14677—1993
4	氡	闪烁瓶测量方法	GB/T 14582—1993
5	臭氧	紫外分光光度法 靛蓝二磺酸钠分光光度法	GB/T 15438—1995 GB/T 15437—1995
6	苯并[a]芘	高效液相色谱法	GB/T 15439—1995
7	二氧化氮	Saltzman法	GB/T 15435—1995
8	二氧化硫	甲醛溶液吸收—盐酸副玫瑰苯胺分光光度法	GB/T 15262—1995
9	二氧化碳	不分光红外线气体分析法	GB/T 18204.24—2000
10	一氧化碳	不分光红外线气体分析法	GB/T 18204.23—2000
11	TVOC	气相色谱法	GB/T 18883—2002
12	可吸入颗粒物	撞击式采样—重量法	GB/T 17095—1997
13	铅	原子吸收分光光度法	GB/T 11739—1989
14	细菌总数	撞击法	GB/T 18883—2002
15	新风量	气体浓度测定仪	GB/T 18024.18—2000

续表

序号	测试项目	标准名称	标准号
16	温度	玻璃温度计（包括干湿球温度计） 数字式温度计	GB/T 18024.13—2000
17	相对湿度	干湿球温度计 露点式氯化锂湿度计 电容式数字湿度计	GB/T 18024.14—2000
18	空气流速	热球式电风速计 热线式电风速计	GB/T 18024.15—2000

3. 常见的检测项目

不同室内环境的污染源与污染物存在较大的差异，在编制室内环境现场检测方案前，根据不同室内环境的性质，确定需要检测的污染源与污染物项目是十分必要的，表1—3为不同性质的室内环境常见的检测项目。

表1—3　　　　　常见的室内环境检测项目

室内环境的性质		常见的检测项目	备注
住宅	普通住宅	甲醛、苯类、氨、TVOC、氡、可吸入颗粒物	1）重视装修污染； 2）注意大气污染侵入室内； 3）注意人与宠物可能产生的污染
	高层住宅	甲醛、苯类、氨、TVOC、可吸入颗粒物、噪声、二氧化碳	1）注意重视装修污染； 2）注意室外噪声与可吸入颗粒物对室内的影响； 3）高层住宅开窗受到限制，要注意室内空气中二氧化碳指标
	别墅	甲醛、苯类、氨、TVOC、氡、可吸入颗粒物、二氧化碳	1）别墅装修比较考究，应当更加重视装修污染； 2）追求高质量的空气品质，注意可吸入颗粒物指标； 3）别墅建筑结构密封性较好，要注意室内空气中二氧化碳指标
	移动住宅	甲醛、苯类、氨、TVOC、氡、可吸入颗粒物、二氧化硫、氮氧化物	1）不能轻视建筑材料的化学污染； 2）移动住宅的密封性较差，要注意户外大气污染物侵入
	农村住宅	甲醛、苯类、TVOC、氡、可吸入颗粒物、二氧化硫、氮氧化物	1）农村住宅结构与装修逐渐接近城市要求，不能轻视建筑材料的化学污染； 2）注意室内外燃烧物产生的污染物
	办公室	甲醛、苯类、氨、TVOC、氡、可吸入颗粒物、二氧化碳、臭氧、负离子、细菌总数	1）不能轻视建筑材料的化学污染； 2）重视计算机、复印机、激光打印机等办公用品可能产生的污染； 3）重视人与人的活动引起的室内空气污染

续表

室内环境的性质		常见的检测项目	备注
办公楼	会议室	甲醛、苯类、氨、TVOC、氡、可吸入颗粒物、二氧化碳、负离子	1）不能轻视建筑材料的化学污染； 2）重视人与人的活动引起的室内空气污染
	接待室	甲醛、苯类、氨、TVOC、氡、可吸入颗粒物、二氧化碳	1）豪华接待室要注意装修材料的化学污染； 2）引入足够的新风，但要预防户外大气污染物侵入
	计算机室	甲醛、苯类、氨、TVOC、氡、可吸入颗粒物、二氧化硫、氮氧化物、二氧化碳、负离子	1）不能轻视建筑材料的化学污染； 2）空气污染物会影响计算机的性能，增加故障率； 3）使用空调的计算机房内正离子会增加，影响室内空气品质
	档案室	湿度、甲醛、苯类、氨、TVOC、氡、可吸入颗粒物、二氧化硫、氮氧化物、二氧化碳、细菌总数、湿度	1）不能轻视建筑材料的化学污染； 2）空气污染物与湿度会影响档案、文物的收藏
公共场所	宾馆客房	甲醛、苯类、氨、TVOC、氡、可吸入颗粒物、细菌总数、二氧化碳	1）装饰装修材料会造成污染，特别是对于新开张的快捷酒店，不能轻视建筑材料的化学污染； 2）开窗通风时要预防户外大气污染物侵入
	美容美发厅	甲醛、苯类、氨、TVOC、氡、可吸入颗粒物、细菌总数、二氧化碳	1）注意装饰装修引起的化学污染； 2）特别要注意烫发材料引起的氨污染； 3）注意环境微生物污染可能引起的感染
	餐厅	甲醛、苯类、氨、TVOC、氡、可吸入颗粒物、细菌总数、二氧化碳	1）不能轻视建筑材料的化学污染； 2）保证足够的新风量和排风量，注意预防户外大气污染物侵入； 3）重视人与人的活动可能造成的污染
	网吧	甲醛、苯类、氨、TVOC、氡、可吸入颗粒物、细菌总数、二氧化碳、负离子	1）注意装饰装修引起的化学污染； 2）保证足够的新风量与排风量，注意预防户外大气污染物侵入； 3）大量的计算机与空调环境会造成室内正离子倍增； 4）网吧内人员集中、密度高、逗留时间长，要注意空气品质与微生物对人体健康产生影响
	商场、超市	甲醛、苯类、氨、TVOC、氡、可吸入颗粒物、细菌总数、二氧化碳、温度	1）不能轻视建筑材料的化学污染； 2）保证足够的新风量与排风量，注意预防户外大气污染物侵入； 3）人员密集、流动性大，注意空气微生物造成的感染
	健身房	甲醛、苯类、氨、TVOC、氡、可吸入颗粒物、细菌总数、二氧化碳、负离子	1）不能轻视建筑材料的化学污染； 2）保证足够的新风量与排风量，注意预防户外大气污染物侵入； 3）室内空气中足够的负离子浓度有助于有氧健身

续表

室内环境的性质		常见的检测项目	备注
公共场所	图书馆、美术馆、展览馆、博物馆	甲醛、苯类、氨、TVOC、氡、可吸入颗粒物、二氧化硫、氮氧化物、细菌总数、二氧化碳、湿度	1) 不能轻视建筑材料的化学污染； 2) 空气污染物与湿度会影响展品； 3) 注意预防户外大气污染物侵入； 4) 人员流动性大与密集时要考虑空气的品质与微生物可能引起的交叉感染
	体育馆	甲醛、苯类、氨、TVOC、氡、可吸入颗粒物、二氧化碳	1) 不能轻视建筑材料的化学污染； 2) 保证足够的新风量和排风量，注意预防户外大气污染物侵入
	游泳馆	甲醛、苯类、氨、TVOC、氡、可吸入颗粒物、细菌总数、二氧化碳	1) 不能轻视建筑材料的化学污染； 2) 注意建筑密闭环境中的空气品质； 3) 注意泳池的水质与卫生指标
	中央空调通风系统	风管内表面积尘量、可吸入颗粒物、细菌总数、真菌总数、β—溶血性链球菌等致病微生物	1) 中央空调通风系统是室内空气最大的污染源； 2) 风管内的积尘成为细菌等微生物繁衍增长的温床； 3) 中央空调通风系统中可能存在传播疾病、影响公共卫生的潜在危害
交通设施	地铁	甲醛、苯类、氨、TVOC、氡、可吸入颗粒物、细菌总数、二氧化碳	1) 新建地铁候车大厅应当重视建筑材料的化学污染； 2) 人员集中、流动性大，谨防人员与集中空调造成的流行病、传染病引起交叉感染； 3) 注意地铁废气排出口对周边环境的影响
	城市公路隧道	可吸入颗粒物、一氧化碳、二氧化氮、TVOC	1) 主要是汽车尾气污染； 2) 注意隧道废气排出口对周边环境的影响
	停车场	可吸入颗粒物、一氧化碳、二氧化氮、TVOC、二氧化碳	1) 主要是汽车尾气污染； 2) 注意通风质量； 3) 注意停车场废气排出口对周边环境的影响
卫生机构	医院门、急诊室	甲醛、苯类、氨、TVOC、氡、可吸入颗粒物、二氧化碳、细菌总数	1) 要十分重视装饰装修引起的化学污染； 2) 要保证足够的通风次数与新风量，注意预防户外大气污染物侵入； 3) 本底环境的细菌总数十分重要
	幼儿园、老人院、疗养院与康复中心	甲醛、苯类、氨、TVOC、氡、可吸入颗粒物、细菌总数、二氧化碳、负离子	1) 要十分重视装饰装修引起的化学污染； 2) 要保证足够的通风次数与新风量，注意预防户外大气污染物侵入； 3) 本底环境的细菌总数十分重要； 4) 要有足够的负离子浓度
	计划生育中心	甲醛、苯类、氨、TVOC、氡、可吸入颗粒物、细菌总数、二氧化碳	1) 要十分重视装饰装修引起的化学污染； 2) 要保证足够的通风次数与新风量，注意预防户外大气污染物侵入； 3) 本底环境的细菌总数十分重要

续表

室内环境的性质		常见的检测项目	备注
卫生机构	法医检验机构	甲醛、苯类、氨、TVOC、氡、可吸入颗粒物、二氧化碳	1) 不能轻视建筑材料的化学污染； 2) 要保证足够的通风次数与新风量，注意预防户外大气污染物侵入； 3) 重视可吸入颗粒物对检验环境与精密仪器的影响
金融机构	银行钞票处理中心	甲醛、苯类、氨、TVOC、氡、可吸入颗粒物、细菌总数	1) 不能轻视建筑材料的化学污染； 2) 要重视钞票处理过程中弥散到空气中的细菌等微生物； 3) 注意可吸入颗粒物对计算机数钞设备的影响
	银行营业大厅	甲醛、苯类、氨、TVOC、氡、可吸入颗粒物、细菌总数、二氧化碳	1) 不能轻视建筑材料的化学污染； 2) 要保证足够的通风次数与新风量，注意预防户外大气污染物侵入； 3) 注意数钞机数钞过程中产生的细菌对环境、职员与用户的影响
	证券公司	甲醛、苯类、氨、TVOC、氡、可吸入颗粒物、细菌总数、二氧化碳	1) 不能轻视建筑材料的化学污染； 2) 要保证足够的通风次数与新风量，注意预防户外大气污染物侵入； 3) 人员密集，注意预防空气微生物传播疾病
科研机构	精密仪器室	甲醛、苯类、氨、TVOC、氡、可吸入颗粒物、二氧化硫、氮氧化物、细菌总数	1) 注意建筑材料的化学污染； 2) 注意可吸入颗粒物与真菌对精密仪器的影响
	微生物实验室	甲醛、苯类、氨、TVOC、氡、可吸入颗粒物、细菌总数	1) 不能轻视建筑材料的化学污染； 2) 要保证足够的通风，预防试验微生物的泄漏与可能造成的感染
	动物实验室	甲醛、苯类、氨、TVOC、氡、可吸入颗粒物、细菌总数、二氧化碳、臭气强度	1) 不能轻视建筑材料的化学污染； 2) 要保证足够的新风量与排风量，注意预防户外大气污染物侵入； 3) 注意预防空气微生物传播疾病； 4) 控制动物散发的恶臭，以免污染环境
教育部门	教室	甲醛、苯类、氨、TVOC、氡、可吸入颗粒物、细菌总数、二氧化碳	1) 不能轻视建筑材料的化学污染； 2) 要保证足够的通风次数与新风量，注意预防户外大气污染物侵入； 3) 注意预防空气微生物传播疾病
	计算机室	甲醛、苯类、氨、TVOC、氡、可吸入颗粒物、二氧化碳、负离子	1) 不能轻视建筑材料的化学污染； 2) 要保证足够的通风次数与新风量，注意预防户外大气污染物侵入； 3) 预防可吸入颗粒物对计算机的影响； 4) 保证足够的负离子浓度

4. 室内空气质量检测的仪器

（1）实验室仪器分析

常用的实验室仪器有气相色谱仪、分光光度计等。

（2）便携式仪器

常用的便携式仪器有甲醛分析仪、一氧化碳分析仪、二氧化碳分析仪、臭氧分析仪等。

（3）先进科研设备

有条件时可以使用PTR-MS质谱仪、INNOVA气体分析仪、细颗粒物分析仪等先进科研设备。

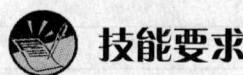 **技能要求**

编制室内环境现场检测的方案

室内环境现场检测是为室内环境评价、规划与治理提供依据的必要的前期工作，因此，科学地编制室内环境现场检测的方案十分重要。

操作步骤

步骤1　了解室内环境的性质

根据对室内环境的初步了解与客户提供的信息，确定室内环境的性质（见表1—4）。根据室内环境的性质，初步确定需要现场测试的项目。

表1—4	了解室内环境的性质			
了解室内环境的性质	□一般住宅	□别墅	□办公楼	□宾馆客房
	□美容美发场所	□交通工具	□沐浴场所	□游泳场所
	□候车（机、船）场所	□商场、超市	□幼儿园	
	□医院门、急诊环境	□计算机房	□网吧	□博物馆、展览馆
	□体育场馆	□餐厅	□娱乐场所	□其他

步骤2　现场勘察，了解室内环境基本情况

通过现场勘察与客户提供的信息，了解室内环境的基本情况（见表1—5），以便进一步确定具体测试的房间与测试的项目。

表1—5　　　　　　　　　需要了解的室内环境基本情况

项目	需要了解的信息
建筑结构	房间平面布置图 各房间的面积与性质 层高
建筑周围情况	是否靠近公路？是否位于闹市中心？附近是否有建筑工地？附近是否有工厂排放烟尘？附近是否有餐厅的厨房排放油烟废气？小区的生态环境如何？是否受到公共通道污染的影响（如邻居的厨房排放油烟、卫生间异味等）？
装修情况	墙、天花板、地板、门窗、家具
装修材料	人造板、涂料、油漆、胶黏剂、木制品、壁纸、地毯、混凝土外加剂、天然石材
装修时间	
人员情况	有无老、弱、病、残、孕、婴、幼等弱势人群？成员中是否有人有哮喘等过敏性疾病病史？
空调情况	集中式中央空调、分体式空调、窗式空调
人员感官情况	有否感觉有异味、灰尘烟雾特别大
人员健康情况	呼吸道有无不适，有无喉咙痛、喉咙痒、咳嗽等症状，有否皮肤丘疹、哮喘等过敏症状，有无乏力、困倦、头晕等症状
宠物情况	所养宠物的类型，宠物是否有异常情况
植物情况	室内种植的植物是否有生长不正常的情况
燃料	使用煤气、煤还是液化气
气雾剂	是否经常使用气雾类的化妆品、清洁剂或杀虫剂
吸烟情况	

步骤3　确定检测项目的内容和所需要的时间、人员配备与费用（见表1—6）

需要确定的检测项目包括检测点总数及其名称、每一个需要检测的污染物的名称以及需要配备的测试仪器与材料、工具等。确定检测项目后，还需要确定每一个检测项目所需要的时间、人员配备与费用。

表1—6　　　　检测项目的内容和所需要的时间、人员配备与费用

检测点编号	检测点1	检测点2	检测点3	检测点4	…
检测点名称					
检测污染物名称					
检测仪器名称					
材料、工具					
预计测试时间/h					
人员配备					
预计测试费用					

【案例1—1】 编制办公室的室内环境现场检测方案

操作步骤

步骤1 了解室内环境的性质

确定室内环境的性质是办公室。

步骤2 现场勘察，了解室内环境基本情况（见表1—7）

表1—7　　　　　　　　　办公室室内环境基本情况

项目	了解到的信息
建筑结构	房间平面布置图（略）； 钢筋混凝土板式结构，高14层； 各房间的性质与面积：房间1（员工办公室）100m²，房间2（总经理办公室）35 m²，房间3（接待室）40 m²，房间4（会议室）40 m²； 层高：2.6 m
建筑周围情况	位于闹市中心，小区的生态环境比较好
装修情况	墙、天花板、地板、门窗、家具
装修材料	使用较多的人造板，使用水性涂料，地坪为聚氯乙烯卷材，没有使用混凝土外加剂与天然石材
装修时间	装修后1年
空调情况	分体式空调，没有定期清洗
人员情况	房间1（员工办公室）：经常有20多人上班，使用计算机； 房间2（总经理办公室）：总经理工作十分繁忙； 房间3（接待室）：有接待外宾任务，允许吸烟； 房间4（会议室）：开会时最多有20多人参加，禁止吸烟
人员感官情况	感觉有异味
人员健康情况	午后有乏力、困倦、头晕等症状

步骤3 确定检测项目的内容和所需要的时间、人员配备与费用（见表1—8）

表1—8 办公室室内环境现场检测项目的内容和所需要的时间、人员配备与费用

检测点编号	检测点1	检测点2	检测点3	检测点4	…
检测点名称	员工办公室	总经理办公室	接待室	会议室	
检测污染物名称	甲醛、TVOC、二氧化碳、可吸入颗粒物、负离子浓度	甲醛、TVOC、二氧化碳、可吸入颗粒物、负离子浓度	甲醛、TVOC、二氧化碳、可吸入颗粒物	甲醛、TVOC、二氧化碳、可吸入颗粒物	
检测仪器名称	相应的快速测试仪	相应的快速测试仪	相应的快速测试仪	相应的快速测试仪	

续表

检测点编号	检测点1	检测点2	检测点3	检测点4	…
材料、工具					
预计测试时间/h	1	0.5	0.5	0.5	
人员配备	2人				
预计测试费用	略				

【案例1—2】 编制幼儿园的室内环境现场检测方案

操作步骤

步骤1　了解室内环境的性质

确定室内环境的性质是幼儿园。

步骤2　现场勘察，了解室内环境基本情况（见表1—9）

表1—9　　　　　　幼儿园室内环境基本情况

项目	了解到的信息
建筑结构	房间平面布置图（略）； 二层砖式结构； 各房间的性质与面积：活动室1（幼托班）80 m²，活动室2（小班）80 m²，活动室3（中班）80 m²，活动室4（大班）80 m²； 层高：3 m
建筑周围情况	位于闹市中心，小区的生态环境比较好
装修情况	墙、天花板、地板、门窗、家具
装修材料	使用较多的人造板，使用水性涂料，地坪为水磨石，没有使用混凝土外加剂与天然石材
装修时间	装修后1年
空调情况	分体式空调，没有定期清洗
人员情况	活动室1（幼托班）：约有30名幼儿与2名老师； 活动室2（小班）：约有30名幼儿与2名老师； 活动室3（中班）：约有30名幼儿与2名老师； 活动室4（大班）：约有30名幼儿与2名老师
人员感官情况	感觉有异味
人员健康情况	流行病季节有幼儿感染情况
其他	定期采用过氧乙酸对地面、玩具与家具进行消毒

步骤3　确定检测项目的内容和所需要的时间、人员配备与费用（见表1—10）

表1—10　幼儿园室内环境现场检测项目的内容和所需要的时间、人员配备与费用

检测点编号	检测点1	检测点2	检测点3	检测点4	…
检测点名称	活动室1（幼托班）	活动室2（小班）	活动室3（中班）	活动室4（大班）	
检测污染物名称	甲醛、TVOC、二氧化碳、可吸入颗粒物、负离子浓度	甲醛、TVOC、二氧化碳、可吸入颗粒物、负离子浓度	甲醛、TVOC、二氧化碳、可吸入颗粒物	甲醛、TVOC、二氧化碳、可吸入颗粒物	
检测仪器名称	相应的快速测试仪	相应的快速测试仪	相应的快速测试仪	相应的快速测试仪	
材料、工具					
预计测试时间/h	1	0.5	0.5	0.5	
人员配备	2人				
预计测试费用	略				

【案例1—3】　编制超市的室内环境现场检测方案

操作步骤

步骤1　了解室内环境的性质

确定室内环境的性质是超市。

步骤2　现场勘察，了解室内环境基本情况（见表1—11）

表1—11　超市室内环境基本情况

项目	了解到的信息
建筑结构	平面布置图（略）； 2楼商场和3楼商场面积都是1 500 m²； 层高：4.9 m
建筑周围情况	位于闹市中心
装修情况	墙、天花板、地板、门窗、货架
装修材料	使用较多的人造板，使用水性涂料，地坪为水磨石，没有使用混凝土外加剂与天然石材
装修时间	装修后1年
空调情况	集中式（中央）空调，没有定期清洗
人员情况	营业高峰时1 000人
人员感官情况	有异味，空气不好，有头晕目眩的感觉
人员健康情况	员工反映工作至晚上有方向不清、记忆力减退、反应迟钝等生理、心理方面的问题

续表

项目	了解到的信息
其他	定期采用过氧乙酸对地面、货柜进行消毒

步骤3 确定检测项目的内容和所需要的时间、人员配备与费用

根据本案例中超市的面积,约需要 15 个检测点。下面以 4 个检测点为例,确定检测项目的内容和所需要的时间、人员配备与费用(见表1—12)。

表1—12 超市室内环境现场检测项目的内容和所需要的时间、人员配备与费用

检测点编号	检测点1	检测点2	检测点3	检测点4	…
检测点名称					
检测污染物名称	甲醛、TVOC、二氧化碳、可吸入颗粒物、细菌总数、负离子浓度	甲醛、TVOC、二氧化碳、可吸入颗粒物、细菌总数、负离子浓度	甲醛、TVOC、二氧化碳、可吸入颗粒物、细菌总数、负离子浓度	甲醛、TVOC、二氧化碳、可吸入颗粒物、细菌总数、负离子浓度	
检测仪器名称	相应的快速测试仪	相应的快速测试仪	相应的快速测试仪	相应的快速测试仪	
材料、工具					
预计测试时间/h	1	0.5	0.5	0.5	
人员配备	4人				
预计测试费用	略				

学习单元2 组织现场测试

学习目标

➤ 了解目前我国室内空气检测主要依据的两个标准:《民用建筑工程室内环境污染控制规范》(GB 50325—2001)与《室内空气质量标准》(GB/T 18883—2002)

➤ 了解室内空气污染物测试规范的要点

➤ 掌握现场检测报告的编写方法

 知识要求

1. 室内空气污染物现场测试依据的标准

目前我国室内空气检测标准主要有两个，即《民用建筑工程室内环境污染控制规范》（GB 50325—2001）与《室内空气质量标准》（GB/T 18883—2002），这两个标准的区别见表1—13。

表1—13 《民用建筑工程室内环境污染控制规范》与《室内空气质量标准》的区别

比较项目	《民用建筑工程室内环境污染控制规范》	《室内空气质量标准》
标准性质	强制性	推荐
颁布机构	建设部	卫生部
目标	建筑工程环境污染物控制	人居环境健康的最低标准
测试条件	检测前关闭门窗1 h	检测前关闭门窗12 h
指标数目/（项）	5	19
甲醛指标/（mg/m^3）	0.08	0.1
苯指标/（mg/m^3）	0.09	0.11
氨指标/（mg/m^3）	0.20	0.20
TVOC指标/（mg/m^3）	0.5	0.6
氡指标/（Bq/m^3）	200	400

2. 室内空气污染物测试规范的要点

（1）室内空气污染物测定的规范方法

室内空气污染物测定的规范方法可参考表1—2。

（2）室内空气污染物测定的布点和采样方法（见表1—14）

表1—14 室内空气污染物测定的布点和采样方法

项目	原则	实施要求
布点数量	采样点位的数量根据室内面积大小和现场情况而确定，要能正确反映室内空气污染物的污染程度	小于50 m^{2}的房间应设1～3个点；50～100 m^{2}的房间设3～5个点；100 m^{2}以上的房间至少设5个点
布点方式	多点采样时应按对角线或梅花式均匀布点，应避开通风口	离墙壁距离应大于0.5 m，离门窗距离应大于1 m
采样点的高度	与人的呼吸带高度一致	相对高度为0.5～1.5 m

续表

项目	原则	实施要求
采样时间及频次	采样应在装修完成 7 d 以后进行	测年平均浓度至少连续或间隔采样 3 个月; 测日平均浓度至少连续或间隔采样 18 h; 测 8 h 平均浓度至少连续或间隔采样 6 h; 测 1 h 平均浓度至少连续或间隔采样 45 min
封闭时间	对于采用集中空调的室内环境,空调应正常运转,有特殊要求的可根据现场情况及要求而定	检测应在对外门窗关闭 12 h 后进行
采样方法	先做筛选采样检验,若检验结果符合标准值要求,则为达标;若筛选采样检验结果不符合标准值要求,必须按年平均值、日平均值、8 h 平均值的要求,用累积采样检验结果评价	测试年平均值、日平均值、8 h 平均值的参数
筛选法采样	采样时关闭门窗,一般至少采样 45 min。采用瞬时采样法时,一般采样间隔时间为 10~15 min,每个点位应至少采集 3 次样品,其检测结果的平均值为该点位的小时均值	
累积法采样	按年平均值、日平均值、8 h 平均值的要求采样	
采样仪器	采样仪器应符合国家有关标准和技术要求,并通过计量检定。使用前,应按仪器说明书对仪器进行检验和标定。采样时采样仪器(包括采样管)不能被阳光直接照射	
采样人员	采样人员必须通过岗前培训,切实掌握采样技术,持证上岗	
气密性检查	有动力采样器在采样前应对采样系统气密性进行检查,不得漏气	
流量校准	采样前和采样后要用经检定合格的高一级的流量计(如一级皂膜流量计)在采样负载条件下校准采样系统的采样流量,取两次校准的平均值作为采样流量的实际值。校准时的大气压与温度应和采样时相近。两次校准的误差不得超过 5%	
现场空白检验	在进行现场采样时,一批应至少留有两个采样管不采样,并同其他样品管一样对待,作为采样过程中的现场空白,采样结束后和其他采样吸收管一并送交实验室。样品分析时测定现场空白值,并与校准曲线的零浓度值进行比较,若空白检验超过控制范围,则这批样品作废	
平行样检验	每批采样中平行样数量不得低于 10%。每次平行采样,测定值之差与平均值比较的相对偏差不得超过 20%	
采样体积校正	在计算浓度时应按公式将采样体积换算成标准状态下的体积	
采样记录	采样时要使用墨水笔或档案用圆珠笔对现场情况、采样日期、时间、地点、数量、布点方式、大气压力、气温、相对湿度、风速以及采样人员等做出详细现场记录,每个样品上也要贴上标签,标明点位编号、采样日期和时间、测定项目等,字迹应端正、清晰。采样记录随样品一同报到实验室	
采样安全措施	在室内空气污染物浓度明显超标时,应采取适当的防护措施,并应备有预防中暑、治疗擦伤的药物	
样品的运输与保存	样品由专人运送,按采样记录清点样品,防止错漏; 为防止运输中采样管震动破损,装箱时可用泡沫塑料等分隔。样品因物理、化学等因素的影响,组分和含量可能发生变化,应根据不同项目要求,进行有效处理和防护; 储存和运输过程中要避开高温、强光。样品运抵后要与接收人员交接并登记; 各样品要标注保质期并在保质期前检测。样品要注明保存期限,超过保存期限的样品要按照相关规定及时处理	

(3) 室内空气污染物测定的检测数据处理方法（见表 1—15）

表 1—15　　　　　　　室内空气污染物测定的检测数据处理方法

项目	注意事项
检测数据的记录与归档	1）采样、样品运输、样品保存、样品交接和实验室分析的原始记录是检测工作的重要凭证，应在记录表格或专用记录本上对各栏目认真填写，个人不得擅自销毁； 2）按期归档保存，涉及同一检测报告的原始记录一并归档； 3）各种原始记录均使用墨水笔或档案用圆珠笔书写，字迹端正、清晰。如原始记录上数据有误而要改正时，应将错误的数据划两道横线。如需改正的数据成片，应以框线将这些数据框起，并注明"作废"两字，再在错误数据的上方写上正确的数据，并在右下方签名（或盖章），不得在原始记录上涂改； 4）各项记录必须现场填写，不得事后补写
有效数字保留位数	1）用空气流量校准器校准流量时，二氧化硫、甲醛、氨等采样器流量记录至小数点后两位，单位为 L/min；可吸入颗粒物、细菌总数等采样泵流量记录到整数，单位为 L/min； 2）在现场采样记录中：气温记录到小数点后一位，单位为℃；气压记录到小数点后 1 位，单位为 kPa；湿度记录到整数，单位为%；风速记录到小数点后 1 位，单位为 m/s；采样流量记录同校准流量一致，单位为 L/min；采样时间记录到整数，单位为 min；采样体积及换算标准状态体积记录到小数点后 1 位；可吸入颗粒物（重量法）称重记录到小数点后 4 位，单位为 g；分光光度法测定吸光度值记录到小数点后 3 位
检测结果的统计处理	检测数据的统计主要进行平均值、超标率及超标倍数三项统计计算。参加统计计算的检测数据必须是按照本规范要求所获得的检测数据，不符合本规范要求所得到的数据不得填报，也不参加统计计算
平均值的统计计算	检测数据平均值的计算均指算术平均值

（4）室内空气污染物测定中需要检测的项目（见表 1—16）

表 1—16　　　　　　　室内空气污染物测定中需要检测的项目

室内环境条件	需要检测的项目
常规室内环境应测项目	温度、大气压、空气流速、相对湿度、新风量
新装饰或装修过的室内环境	甲醛、苯、甲苯、二甲苯、总挥发性有机物（TVOC）、氡等
人群比较密集的室内环境	可吸入颗粒物、细菌总数、新风量及二氧化碳
使用臭氧消毒、静电净化设备、负离子发生器及复印机的室内环境	臭氧
住宅一层、地下室、其他地下设施以及采用花岗岩、彩釉地砖等天然放射性含量较高材料新装修的室内环境	氡
北方冬季施工的建筑物	氨
公共场所集中式（中央）空调	可吸入颗粒物、细菌总数

续表

室内环境条件	需要检测的项目
其他环境用户经常要求的测试项目	二氧化硫、二氧化氮、一氧化碳、二氧化碳、氨、臭氧、甲醛、苯、甲苯、二甲苯、总挥发性有机物（TVOC）、苯并[a]芘、可吸入颗粒物、氡（^{222}Rn）、细菌总数、甲苯二异氰酸酯（TDI）、苯乙烯、丁基羟基甲苯、4-苯基环己烯、2-乙基己醇、硫化氢、铅等

(5) 检测报告

检测报告应包括以下内容：被检测方或委托方、检测地点、检测项目、检测时间、检测仪器、检测依据、评价依据、检测结果、检测结论及检验人员、报告编写人员、审核人员、审批人员签名等。检测报告应加盖检测机构监（检）测专用章，在报告封面左上角加盖计量认证章，并要加盖骑缝章。

检测报告格式参见表1—17，检验结果汇总报告的格式参见表1—18。

表1—17　　　　　　　　　　　检测报告格式

产品名称		型　号	
		商　标	
委托单位		检验类别	
生产单位		样品等级	
抽样地点		到样日期	
样品数量	3	送样人	
抽样基数		原编号或生产日期	
检验依据			
检验项目	居室内空气中甲醛浓度、有机物浓度、氨气浓度		
检验结论	该样品经检验，依据《居室内空气中甲醛的卫生标准》（GB/T 16127—1995），《公共场所卫生标准——理发店、美容店卫生标准》（GB/T 9666—1996），1#样品超过国家标准，2#、3#样品符合国家标准 （检验报告专用章） 签发日期：××××年××月××日		
备　注			
批　准：	审　核：	主　检：	

表1—18　　　　　　　　　　　检验结果汇总报告

序号	检验项目	标准号	标准要求	实测结果		本项结论	备注
				测点号	实测值		
1	1#样品甲醛浓度	GB/T 18883—2002	平衡当量甲醛浓度小于0.10 mg/m³	1	0.19	该样品平均值为0.19 mg/m³，高于标准值	1#为卧室，2#为门厅
				2	0.19		

续表

序号	检验项目	标准号	标准要求	实测结果 测点号	实测值	本项结论	备注
2	2#样品氨气浓度	GB/T 18883—2002	平衡当量氨气浓度小于0.20 mg/m³	1	0	该样品平均值为0 mg/m³，符合标准值	1#为卧室，2#为门厅，3#为书房
				2	0		
				3	0		
3	3#样品TVOC浓度	GB/T 18883—2002	平衡当量TVOC浓度小于0.60 mg/m³	1	0	该样品平均值为0 mg/m³，符合标准值	
				2	0		
				3	0		

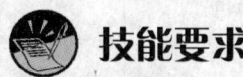

技能要求

组织住宅室内空气检测

操作步骤

步骤1　了解住宅室内环境的情况

该住宅需要检测的房间面积与要检测的项目见表1—19。

表1—19　　　　　需要检测的房间面积与要检测的项目

房间	面积/m²	检测的项目	检测点
客厅	42	甲醛、苯、TVOC	3
主卧	25	甲醛、苯、TVOC、可吸入颗粒物	2
女儿房	15	甲醛、苯、TVOC、可吸入颗粒物	1
书房	15	甲醛、苯、TVOC、可吸入颗粒物	1
餐厅	20	甲醛、苯、TVOC	1
主卫	14	甲醛、苯、TVOC、氡	1
次卫	8	甲醛、苯、TVOC、氡	1
厨房	8	甲醛、苯、TVOC、氡	1
合计	147		

步骤2　了解依据的室内空气质量标准

确认依据的室内空气质量标准为《室内空气质量标准》（GB/T 18883—2002）。

步骤3 准备人员与仪器

该住宅检测项目所需的人员与仪器见表1—20。

表1—20　　　　　　　　　检测项目所需的人员与仪器

测试项目	测试依据标准	携带的仪器与材料	测试人
甲醛	AHMT 分光光度法 GB/T 15516—1995	吸收液 气泡吸收管：5 mL/10 mL 空气采样器：流量 0～2 L/min 温度计 大气压测定仪 支架	
苯	气相色谱法 GB/T 14677—1993	活性炭采样管（内填充椰壳活性炭） 空气采样器：流量 0～1 L/min 支架	
TVOC	气相色谱法 GB/T 18883—2002	吸附管（已填充吸附剂） 采样器：流量 0.02～0.5 L/min 硅橡胶连接管 支架	
可吸入颗粒物	撞击式采样—重量法 GB/T 17095—1997	XC—1型便携式测尘仪 粉尘采样仪：流量 5～30 L/min 滤膜 支架	
氡	闪烁瓶测量方法 GB/T 14582—1993	闪烁瓶（已抽成真空） 分析仪器 稳压电源 低通滤波器 黑布 支架	

步骤4 现场采样、测试

现场采样、测试的注意事项见表1—21。

表1—21　　　　　　　　　现场采样、测试的注意事项

要求	注 意 事 项
选点	多点测试，以对角线或梅花式分布； 避开通风口，距离墙壁大于 0.5 m； 采样点高度与人的呼吸带一致，一般为 0.5～1.5 m
采样时间	测试 1 h 平均浓度，至少测试 45 min，涵盖通风最差的时间段。采样前，应通知用户关闭房间门窗 12 h； 采样时，关闭门窗
气密性检查	对所有的动力采样系统进行气密性检查，不得漏气
流量校确	采样前、后要校准流量，误差不超过 5%
空白检验	每一个房间的采样中，要留两个采样管不采样，作为该次采样过程中的空白检验。若空白检验超过控制范围，则这批样品作废

步骤 5　现场测试记录

现场测试记录要求包括：测试地点、房间名称、污染物名称、采样日期、时间、样品编号、数量、布点方式、大气压力、大气温度、大气相对湿度、室内温度、室内相对湿度、风速等。

步骤 6　完成测试报告

把采样样品送回实验室，完成分析后，将原始测试数据、采样人、测试人、校核人等填入测试报告。

第 2 节　分析污染源

 **学习单元 1　勘察室内环境状况并判断污染源**

 学习目标

- 了解当前室内环境污染的情况
- 了解室内环境质量的新标准
- 掌握室内环境现场勘察与判断污染物来源的方法

 知识要求

1. 室内环境污染状况

引起室内环境污染的因素很多，从当前的情况看，我国室内环境污染最普遍的诱因是：

（1）建筑装饰装修及采用材料引起的化学性污染

人们对于建筑装饰装修及采用材料引起的化学性污染的认知度在 2002 年时为 69.5%，到 2009 年上升到 92.3%。人造板、油漆、壁纸、塑料地板、胶黏剂、天然大理石等装饰装修材料中的甲醛、苯类、氨、TVOC、氡等污染物对人体健康造成的影响已经引起了广大市民的充分关注。

1) 甲醛污染。甲醛对眼黏膜、鼻和上呼吸道有强烈刺激作用。据报道,在新建住宅内,甲醛对人体的影响主要表现为眼刺激。国内疾病控制专家认为,室内甲醛浓度超过有关标准规定的限值,会对幼儿有明显的影响,有可能引发小儿哮喘。

国际癌症研究机构(IARC)已于2004年在相关国际会议上将甲醛作为致癌物对待。法国、日本、意大利、荷兰等国的国家标准均将甲醛允许的限值浓度定为 $0.12\ mg/m^3$,我国国家标准《民用建筑工程室内环境污染控制规范》(GB 50325—2001)和《室内空气质量标准》(GB/T 18883—2002)分别规定民用房的甲醛限值浓度为 $0.08\ mg/m^3$、$0.10\ mg/m^3$。但两者间有很大的区别,前者为房屋装修完后,门窗关闭1 h后进行检测,虽为强制性标准,但门窗关闭时间太短,明显太宽松。后者虽将门窗关闭时间延长至12 h,但因为是推荐性标准,没有强制性。

2) 苯污染。早在20世纪30年代,动物实验即已证实苯可致白血病,目前已经确定苯是一类致癌物质。室内装修和家具中产生的苯、甲苯、二甲苯等是室内空气中常见的挥发性有机物。室内装修时,空气中的苯、甲苯、二甲苯均可能严重超标,并有长达几个月的释放残留期,对室内居住人员,特别是对成长发育中儿童的健康易产生影响。许多国内的流行病学调查资料初步得出结论:刚装修的房屋室内污染严重,婴幼儿童患白血病及淋巴瘤的发生率相当高。

3) TVOC污染。涂料、油漆释放出的TVOC经呼吸道吸入能引起眩晕、头痛、恶心、胃胀、胃痛、皮肤出现丘疹等症状,而且对眼和鼻有刺激作用,严重时可引起气喘、神志不清、晕厥、呕吐及支气管炎等。对过敏体质的人而言,出现症状更明显,低浓度时就会有反应,浓度高时甚至危及生命。长期低浓度接触TVOC会使人体产生全身变态反应,甚至会患上癌症。

4) 氡污染。氡及其子体作为室内空气中的主要污染物之一,已引起各国学者的重视。氡的子体为颗粒物,可吸附于尘粒上而被吸入呼吸道,对局部肺组织细胞产生放射作用。氡对人体的早期健康效应不易察觉,但长期接触氡可以致癌。国际癌症研究机构(IARC)已确认氡及其子体对人有致癌性,已将其编入1组。

据报道,美国人的肺癌原因中,氡气仅次于吸烟名列第二。早在20世纪90年代初,美国环保局(EPA)在一项科技报告中将氡列为最危险的环境致癌因子。EPA估计,在美国每年大约有20 000例肺癌死亡者与氡暴露有关。德国约有10%的肺癌患者是由于在室内吸收氡所致。另外,关于氡及其子体可增加支气管癌和鼻咽癌的发病率也有不少报道。

我国北方地区发现人防工程与地下室内的氡子体浓度高于地面建筑物室内氡浓度几十倍。

(2) 室内环境微生物污染

2003年，一场来势迅猛的SARS席卷全球。SARS的暴发，不是来自医院，而是来自民用建筑，这引起了室内环境治理专家的充分重视。现代社会的人，大约80%的时间是在室内度过的，室内环境中的微生物污染可能造成交叉感染，传播传染病与流行病。

微生物一般包括细菌类、真菌类、病毒类、尘螨以及支原体、衣原体、立克次体以及藻类等。各种微生物的大小差别甚大，病毒是最小的微生物，大小在 $0.008\sim0.3~\mu m$。细菌的大小范围较广，小的在 $1~\mu m$ 以下，大的可达到 $100~\mu m$。支原体、衣原体、立克次体的大小介于病毒与细菌之间。最小的藻类细胞直径为 $1\sim2~\mu m$。

细菌靠单细胞分裂繁殖，生长速度极快。在相对湿度≥90%的地方，细菌以几何级数增长，一昼夜增长数可达 2^{24}。

真菌为单细胞或多细胞菌丝伸长增殖。当真菌孢子附着在有营养源、有空气的地方，且温度为 $20\sim35℃$，相对湿度为 $75\%\sim100\%$ 时，就会生长繁殖，菌丝伸长、生长成熟并释放出孢子，污染室内空气。

霉菌是真菌的一种，能够在温暖和潮湿环境中迅速繁殖，其中一些会引起恶心、呕吐、腹痛等症状，严重的会导致呼吸道及肠道疾病，如哮喘、痢疾等，患者会因此精神萎靡不振，严重时出现昏迷、血压下降等症状。在成年人中，各类霉菌导致的哮喘比花粉及动物皮屑过敏导致的哮喘要严重得多。真菌会引起系统性感染，其中，有生命危险的深部真菌感染目前呈上升趋势。与真菌感染有关的疾病有白血病、癌症、结核、糖尿病、肝脏疾病以及维生素缺乏症等。控制真菌已引起各国医务与卫生部门的高度重视。

尘螨是一种病原生物，是最强烈的过敏原之一。最常见的尘螨大小介于 $0.1\sim0.3~mm$，显微镜下看起来像小型的蜘蛛，能在 $20\sim30℃$ 的环境中生存。尘螨是一种很小的节肢动物，肉眼不易发现。室内空气中尘螨的数量与室内的温度、湿度和清洁程度相关。螨的主要寄生场所为床上用品和椅套、沙发等。近年来，家庭装饰装修中广泛使用地毯、壁纸和各种软垫家具，特别是空调的普遍使用，为尘螨的繁殖提供了有利的条件。有监测数据表明，铺地毯的室内环境中尘螨的浓度远远高于其他环境。有人在空调的出风口检测出尘螨的浓度超过了 $10~000$ 只$/m^3$。

尘螨有致敏作用,最典型的是诱发哮喘以及过敏性鼻炎、过敏性皮炎和慢性荨麻疹等。

通过空气传染疾病的微生物有军团菌、结核杆菌、化脓杆菌、真菌、霉菌、流行性腮腺炎病毒、炭疽杆菌、流感病毒、SARS病毒、禽流感病毒等。

防控室内环境的微生物污染已成为室内环境保护的重点。但据抽样调查,非常清楚什么是室内环境生物性污染的市民只有 6.8%。虽然市民对室内环境中生物性污染的认知度尚较低,但经过宣传,当他们了解室内环境生物性污染的危害以后,重视程度明显提高,接近 50% 的人认为必须进行室内环境的治理,防控微生物传染疾病。

(3) 可吸入颗粒物

室内环境污染引起的呼吸系统疾病造成的危害是最高的。

空气中直径为 0.5～10 μm 的颗粒污染物称为可吸入颗粒物,常常以 PM_{10} 来表示(PM 为 Particulate Matter 的缩写),又称为悬浮颗粒物或飘尘。这种颗粒物能在空气中长时间地悬浮,并很容易被人体吸入。被吸入人体后,约有 50% 吸附在肺壁上,并能渗透到肺部组织的深处,引起支气管炎、肺炎、哮喘、肺气肿与肺癌,导致心肺功能减退甚至衰竭。

颗粒物是空气污染物中的主体。因其多形、多孔和可吸附性,可成为各种污染物载体,所以颗粒物是一种成分复杂、可以较长期悬浮于空气中的以气溶胶状态存在的污染物。可吸入颗粒物对人体健康的危害主要表现在以下几个方面:

1) 可吸入颗粒物会侵蚀肺泡,并在肺泡上沉积起来。吸入体内的直径为 1 μm 左右的颗粒物有 80% 会沉积在肺泡,只有一小部分随呼气排出体外。大量可吸入颗粒物在肺泡上沉积,沉积的时间可达数年之久,可能会引起肺组织的慢性纤维化,降低肺泡的切换机能,导致肺心病、心血管病等一系列病症。

2) 可吸入颗粒物携带的有毒有害物质能很快地被肺泡吸收,并经血液送至全身。毒素逃过肝脏的防卫,进入到各器官,对人体的健康危害极大。

3) 可吸入颗粒物是多种化学污染物的载体。例如,有人从可吸入颗粒物中检测出吸附的 300 多种有机物,其中有许多是强烈致癌、致畸、致突变的多环芳烃与含氧杂环化合物。

可吸入颗粒物常常与金属、金属化合物及放射性物质混为一体,例如铅尘、汞尘、氡尘等。这些物质侵入肺部组织后,可引起各种金属中毒或放射性污染。可吸入颗粒物还可能吸附空气中的酸性氧化物,在水的作用下形成酸雾。这种气溶胶吸入肺部后,毒性倍增,会引起肺水肿、肺硬化,甚至导致死亡。

可吸入颗粒物的粒子直径小，表面积大，所含二次污染物成分多。美国90个大城市统计数据表明，可吸入颗粒物的污染直接与人的寿命有关，PM_{10}每增加10 $\mu g/m^3$，死亡率平均增加0.5%。在费城，研究人员发现，空气污染指数上升但尚未超标时，患心脏病的老年人死亡数与住院数都明显增加。佩戴心脏监测器的病人发现，PM_{10}水平增加时，其心率有不正常的变化。

(4) 沙尘和铅

我国大部分地区近年来沙尘与雾霾天气出现的频次有增多的趋势，大气可吸入颗粒物超过了0.30 mg/m^3。沙尘会侵入室内，造成室内环境的污染。

铅是一种不可降解的环境污染物，在环境中可长期蓄积，主要通过食物、土壤、水和空气经消化道、呼吸道进入人体。儿童由于代谢和发育的特点，对铅中毒特别敏感，同等环境的人群中，铅对儿童的毒性作用更明显。铅是一种严重危害人类健康的重金属元素，主要损害人体的神经系统和血液系统，只要血铅水平超过或等于100 $\mu g/L$，不管有没有临床症状、体征，都可以确诊为铅中毒。铅引起的智力损害是不可逆转的，即经过驱铅治疗后，血铅下降，但智力损害无明显恢复。

铅及其化合物在空气中以气溶胶的状态存在，常常与尘埃粒子混为一体，被称为铅尘。自然环境中因汽车尾气、金属加工、开矿冶炼沉积了大量的铅，铅尘到处可见，它比空气重，距地面1 m以下的空气中铅尘的浓度较高，儿童呼吸吸入的铅较成人多。

儿童一天90%的时间是在室内度过的，工业铅污染排放超标地区大气中的铅尘会侵入室内对儿童造成侵害。

(5) 吸烟与二手烟污染

吸烟使空调环境的空气迅速恶化。吸烟时，伴随着可吸入颗粒物浓度直线上升，一氧化碳等几十种有害气体浓度都会上升，损害吸烟者与被动吸烟者的健康。

烟草的烟雾成分复杂，目前已鉴定出3 000多种化学物质，它们在空气中以气态、气溶胶状态存在，其中气态物质占90%以上，气态污染物有CO、CO_2、NOx、氰化氢、氨、甲醛、烷烃、烯烃、芳香烃、含氧烃、亚硝胺、联氨等。气溶胶状态的物质主要成分是焦油和烟碱（尼古丁），每支香烟可产生0.5~3.5 mg尼古丁。焦油中含有大量的致癌物质，如多环芳烃（2~7环）、砷、镉、镍等。

二手烟包括从点燃着的香烟、烟斗或雪茄飘散出来的烟雾及吸烟者抽烟时呼出的气体，它是一种含有超过4 000种化学物质的复杂混合物。二手烟是一种令人产生强烈反应的气体，也是公认的致癌物质。它可引致眼睛、鼻子或喉咙不适，也可能大幅增加患癌和其他呼吸疾病的机会。

家庭、公共场所和工作场所都是接触二手烟的地方。根据2002年的一项调查，被动吸烟人群中，82%在家庭中、67%在公共场所、35%在工作场所接触二手烟。因年龄、性别和职业的不同，被动吸烟人群在各类场所接触二手烟的比例也不同。被动吸烟的女性90%是在家庭中接触二手烟，20～59岁的男性在公共场所和工作场所接触二手烟的比例最高。和1996年的调查结果相比，人们在公共场所接触二手烟的比例上升。

目前国内的公共场所大多设立了吸烟室，此举初衷是为了减少二手烟对公众的伤害，但目前国内的吸烟室都没有可靠的通风与净化设施，使吸烟室实际上成为一个巨大的污染源，众多烟民在遭受吸烟污染的同时备受二手烟的侵害。

在一些公共场所，烟雾的浓度会很高，吸烟者受的危害很大，但不吸烟者暴露在烟雾里而成了间接吸烟者，其所受的危害更大。这是因为烟草在燃烧中会产生亚硝酸胺、醛类、酮类、尼古丁等致癌物。

女性被动吸烟者患肺癌的相对危险性为1.40，男性被动吸烟者患肺癌的相对危险性为1.16。丈夫为吸烟者的不吸烟妇女中，患肺癌的危险性与夫妻共同居住年限呈正比例关系。

被动吸烟对婴儿和儿童的危害几乎为各国学者所公认。吸烟家庭的婴儿和儿童与不吸烟家庭的婴儿和儿童相比，被动吸烟的危害主要表现在：出生后第1年内的婴儿支气管疾患和肺部疾患住院率高；1～2岁婴儿呼吸系统患病率高；慢性咳嗽和咳痰者多；肺功能受损者多；中耳炎患病率高。

(6) 空调通风系统污染

人们无论上班、购物、外出就餐都离不开空调环境。调查发现，有近1/5的人群每天在集中空调环境下逗留8 h以上，但空调通风系统污染严重威胁着人们的健康与生命安全。

为了了解空调风管水污染对室内空气的影响，专家对上千个数据进行分析后初步发现了一些规律：集中空调风管里颗粒物与微生物污染比较严重时，往往在室内空气里颗粒物与微生物浓度超标也比较严重。其实，欧美发达国家对集中空调系统造成的室内空气污染进行了大量的研究，结果显示，在有集中空调的环境中，有42%的污染物来自集中空调系统，占所有污染来源的比重最大。

2006年卫生部对全国集中空调的检测发现，由于风管污染的原因，空调所送空气的卫生质量问题最为严重，细菌总数全国平均超标36.9%，可吸入颗粒物超标29.6%。

本来集中空调吐出的应该是干净卫生的新鲜空气，然而由于管道污染严重，却吐出了充满灰尘和各种病菌的脏空气。专家指出，长时间在污染严重的集中空调环境中生活，很容易引起对鼻黏膜、口腔黏膜甚至眼睛的刺激，还会产生呼吸困难、头疼头晕、胸闷等症状，给健康带来严重的危害。

有许多微生物会引起人体上呼吸道感染，还有螨虫会使过敏体质人群出现哮喘等过敏性疾病。不仅如此，一些颗粒物还会产生致命的危害。除了它本身能对人体产生危害以外，在颗粒物的表面往往沉积着一些有害物质，比如多环芳烃类的苯并[a]芘，很容易对人造成危害，甚至可能引起肺癌、肝癌等多种肿瘤的发生。

除了积尘与微生物，人们还在多个集中空调的冷却水塔中检测出了军团菌，它是潜藏在集中空调里的最致命的杀手。如果集中空调受到军团菌的污染，人们很容易感染军团病。一旦发生军团病，病人就会出现高烧、寒战、咳嗽、胸闷等症状，一旦暴发流行，它的危害是相当大的。据一般报道，它的死亡率在5%～30%。根据世界卫生组织统计，截止到2000年，世界各地因为集中空调造成的军团病暴发已经达到30多起，感染2000多人，死亡几百人。

显然，空调通风系统由于长期运行却疏于清洁，已经成为公共场所室内空气污染的主要污染源。据世界卫生组织调查发现，空调病已经威胁到全球近1/3都市人口的健康安全。

(7) 负离子殆尽造成室内空气品质下降

当空气中的分子或原子失去或获得电子后，便形成带电的粒子，称为离子。带正电荷的叫正离子，带负电荷的叫负离子。负离子是空气中一种带负电荷的气体离子。

负离子又被称为"空气维生素"，因为它像食物的维生素一样，对人体及其他生物的生命活动有着十分重要的影响。如雷雨过后，空气中的负离子增多，人们感到心情舒畅。而在空调房间中，因空气中负离子经过一系列空调净化处理和漫长通风管道后几乎全部消失，人们在其中长期停留会感到胸闷、头晕、乏力、工作效率和健康状况下降，这被称为"空调综合征"。

医学研究表明，空气中的负离子吸入人体后，有利于血氧输送、吸收和利用，具有促进人体新陈代谢、提高人体免疫能力、增强人体机能、调节机体功能平衡的作用。据考证，负离子对人体7个系统的30多种疾病具有抑制、缓解和辅助治疗作用，尤其是对人体的保健作用更为明显。空气负离子具有镇静、催眠的作用，如果每天吸入适量的负离子，持之以恒，能够使人精力旺盛，消除疲劳和倦怠，提高工作效率；能够改善睡眠，消除神经衰弱；能够降低疾病发病率，预防感冒和呼吸道疾病，改善心、脑血管疾病的症状。

2. 室内空气质量新标准

2006年，世界卫生组织（WHO）公布了大幅度降低污染物水平标准的新空气质量标准。世界卫生组织相信，减少一种特定类型污染物（可吸入颗粒物）的含量能够将受污染城市每年因环境污染死亡的人数减少15%。标准还大幅度降低了对臭氧和二氧化硫的推荐极限值。

世界卫生组织提出的空气质量新标准首次涉及全球所有区域并提供了统一的空气质量标准。这些标准较目前世界上很多地区使用的国家标准要严格得多，对一些城市来说意味着将目前的污染水平减少三倍以上。

表1—22为WHO新标准与我国相关标准的比较。

表1—22　　　　　　　　WHO新标准与我国相关标准的比较

污染物名称	WHO新标准的指标 /（mg/m³）	我国环境空气质量一级标准 （GB 3095—1996）的指标（mg/m³）	我国室内空气质量标准 （GB/T 18883—2002）的指标（mg/m³）
PM10	年平均：0.02 24 h平均：0.05	年平均：0.04 24 h平均：0.05	0.15
O_3	0.1	0.12	0.16
NO_2	0.2	0.12	0.24（NO_x）
SO_2	0.02	0.05	0.50

从表1—22可知，我国室内空气中可吸入颗粒物、臭氧、二氧化硫等污染物的允许标准明显高于世界卫生组织颁布的新标准。

3. 室内环境污染源分析

根据当今室内环境污染的特点，室内环境污染源的分析见表1—23。

表1—23　　　　　　　　室内环境污染源的分析

污染物名称	污染源分析
PM10	大气污染物侵入：火山爆发、沙尘暴、雾霾；汽车发动机、道路交通工具对路面的侵蚀和刹车及轮胎的摩擦；火力发电、燃烧等工业活动；大气中气体污染物之间的化学反应在空气中形成二级颗粒； 人与人的活动：人与宠物的皮屑、着装携带、烹调、吸烟、燃料
O_3	大气污染物侵入：与高层大气臭氧层不同的是，地面的臭氧是光化学烟雾的一个主要组成部分，它是由车辆和工业释放出的氮氧化物（NO_x）等污染物以及由机动车、溶剂和工业释放的挥发性有机化合物（VOCs）与阳光反应而形成。在阳光灿烂时，臭氧污染最为严重；

续表

污染物名称	污染源分析
NO_2	电晕放电：不合格的复印机、激光打印机、负离子发生器 大气污染物侵入：人为释放二氧化氮的主要来源是燃烧过程（供热、发电以及机动车和船舶的发动机）
SO_2	大气污染物侵入：因家庭取暖、发电和机动车而燃烧含有硫黄的矿物燃料。发电站高烟筒的使用造成二氧化硫的广泛弥散，对远离产生源的人口造成污染。在很多发展中国家，对高硫煤的使用在不断增加
细菌、真菌	植物：植物通过空气的动力能向空中释放大量的微生物； 动物：家庭饲养宠物可能成为室内细菌、真菌的重要污染源； 人与人的活动：人新陈代谢产生的皮屑成为细菌、真菌生存繁殖的营养源； 室内环境：地毯、壁纸、沙发、床垫、被褥及其他软垫家具、厨房和卫生间的阴湿之处都可能成为细菌、真菌的藏身之处； 其他：空气中的可吸入颗粒物、病人携带与大气侵入
正离子	大气侵入、空调系统、电磁污染

 技能要求

勘察室内环境状况并采取望、闻、问、测的方法判断污染源

操作步骤

步骤1 利用现场勘察与客户提供的信息，通过"望"，了解室内环境基本情况，并判断可能引起污染的污染源（见表1—24）。

表1—24　　通过"望"，了解室内环境基本情况并判断污染源

环境	观察情况	判断可能侵入室内的污染物
室外	是否靠近公路	可吸入颗粒物、噪声、汽车尾气
	是否位于闹市中心	
	附近是否有建筑工地	
	附近是否有工厂排放烟尘	
	附近是否有集中供热的燃煤锅炉排放烟尘	可吸入颗粒物、二氧化硫、二氧化氮
	附近是否有餐厅的厨房排放油烟废气	油烟废气、热量、噪声、异味
	邻居的厨房排放的油烟是否通过公共烟道进入室内	
	附近是否有地铁、隧道与立体停车库的排风口	可吸入颗粒物、汽车尾气、金属氧化物
	附近是否有城市污水处理站	恶臭
	附近是否有城市垃圾处理场或垃圾中转站	恶臭、细菌、可吸入颗粒物

续表

环境	观察情况	判断可能侵入室内的污染物
	附近是否有垃圾焚烧厂	可吸入颗粒物、二噁英
	建筑是否有垂直的天井与室内相通	细菌
	小区的生态环境如何,有否花粉	花粉
室内	中央空调通风系统或分体式空调	可吸入颗粒物、细菌、真菌等微生物
	装饰装修材料	甲醛、苯系物、甲苯二异氰酸酯、可溶性重金属、TVOC、氯乙烯单体等污染物
	天然石材	放射性污染物
	吸烟	可吸入颗粒物、一氧化碳、多环芳烃等有毒有害气体污染物
	豢养宠物	致病微生物,传播人畜共患病,产生异味
	不洁的厨房、卫生间	油烟废气、细菌、螨虫等微生物,产生异味
	病人	致病微生物与异味
	人口密集	二氧化碳、可吸入颗粒物、细菌、异味
	种植花卉	花粉
	使用气雾剂、杀虫剂、化学消毒剂	气溶胶与化学污染物
	化妆品	TVOC、铅
	家用电器	化学污染物、电磁污染
	复印机、激光打印机	臭氧、可吸入颗粒物

步骤 2 利用现场勘察与客户提供的信息,通过"闻",了解室内环境基本情况,并判断可能引起污染的污染源(见表1—25)。

表1—25　　　通过"闻",了解室内环境基本情况并判断污染源

闻到的异味	判断可能的污染源
甲醛的刺激味	人造板家具与装饰、胶黏剂、窗帘、壁纸、地毯、吸烟
苯系物的芳香味	油漆、地板、门窗、家具
塑料散逸的异味	家用电器
氨的臭味	混凝土外加剂、卫生间
吸烟的异味	吸烟
厨房的油烟	厨房、外界侵入
宠物的异味	宠物
病人的异味	病人
花草植物散发的气味	植物
霉味	中央空调通风系统或分体式空调 厨房或卫生间

续表

闻到的异味	判断可能的污染源
气雾剂、杀虫剂、化学消毒剂的刺激味	气雾剂、杀虫剂、化学消毒剂
工厂特有的气味	人员的衣服、头发吸附，从工厂、医院等作业场所携带回来的污染物
臭氧	复印机、激光打印机、消毒柜
二氧化硫、二氧化氮的酸性刺激味	燃煤、大气侵入

步骤3 利用现场勘察与客户提供的信息，通过"问"，了解室内环境基本情况，并判断可能引起污染的污染源（见表1—26）。

表1—26　　　　通过"问"，了解室内环境基本情况并判断污染源

询问调查的项目	判断可能的污染源
装修时间：人造板的甲醛污染可能延续3～15年	人造板家具与装饰装修材料
人员情况：有否老人、病人？有无携带传染病菌的成员	病人成为病菌的污染源，某些病人与老人会散发特有的异味
人员健康情况：呼吸道有无不适，有无喉咙痛、喉咙痒、咳嗽等症状，有无皮肤丘疹、哮喘等过敏症状，有无乏力、困倦、头晕等症状	装饰装修材料；空调通风系统；家用电器；气雾剂、杀虫剂、化学消毒剂成为污染源，对人体健康造成影响
宠物情况：所养宠物的类型，宠物是否有异常情况	装饰装修材料；空调通风系统；家用电器；气雾剂、杀虫剂、化学消毒剂成为污染源，对宠物造成影响
植物种植情况：是否有枯萎的现象	家庭装修装饰可能成为室内空气的污染源，对室内植物造成影响
燃料使用情况	燃煤、燃油、燃煤气、燃液化气，如果通风不好，都可能成为室内环境的污染源
中央空调或分体式空调是否定期进行清洗、消毒	中央空调或分体式空调可能成为室内可吸入颗粒物、细菌、真菌的污染源
人员吸烟情况	人员吸烟引起的主流烟与二手烟会成为室内可吸入颗粒物、化学污染物、一氧化碳等污染物的污染源

步骤4 利用现场勘察与客户提供的信息，通过"测"，了解室内环境基本情况，并判断可能引起污染的污染源（见表1—27）。

表1—27　　　　通过"测"，了解室内环境基本情况并判断污染源

测试项目	判断可能的污染源
甲醛、甲苯、二甲苯、氨、TVOC	涂料、油漆、胶黏剂、木制品、壁纸、地毯、混凝土外加剂等装饰装修材料可能成为污染源
氡	天然石材、瓷砖、地基可能成为污染源

续表

测试项目	判断可能的污染源
可吸入颗粒物	空调通风系统、吸烟、户外大气侵入
细菌	空调通风系统、病人、衣服、厨房、卫生间
二氧化碳	人与人的活动
一氧化碳	燃煤、燃油、燃煤气，如果通风不好，都可能成为室内环境的污染源；吸烟
二氧化硫、二氧化氮	燃煤、户外大气侵入
臭氧	复印机、激光打印机、消毒柜、电离型空气净化器
TVOC	杀虫剂、清洁剂、消毒剂、化妆品、家用电器
异味	装饰装修材料、病人、宠物、厨房、卫生间、杀虫剂、清洁剂、消毒剂、化妆品、户外大气侵入

学习单元 2　室内环境品质的健康效应与评估方法

学习目标

> 了解室内环境品质的定义
> 了解室内环境的健康效应
> 了解室内环境的综合评估方法
> 了解如何开展对现代楼宇空气品质进行评估

知识要求

1. 室内环境品质的概念

室内环境品质（Indoor Environmental Quality，IEQ）的定义在近 20 几年中经历了很多变化，最初，人们把 IEQ 几乎等价为一系列污染物浓度的指标，近年来，人们认识到纯客观的定义不能完全涵盖 IEQ 的内容，因此，对 IEQ 定义进行了新的诠释和发展，其定义已包含了主观感觉的内容。表 1—28 列举了室内环境品质定义的发展过程。

表 1—28　　　　　　　　　室内环境品质定义的发展过程

时间	室内环境品质的定义	提出者
20世纪80年代前	一系列污染物浓度指标，这种纯客观的定义不能涵盖室内空气品质的全部内容	
1989年	空气品质反映了人们的满意程度。如果人们对空气满意，就是高品质；反之，就是低品质	丹麦的Fanger教授
1989年	室内少于50%的人能察觉到任何气味，少于20%的人感觉不舒服，少于10%的人感觉到黏膜刺激，并且少于5%的人在不足2%的时间内感到烦躁，则可认为此时的IEQ是可接受的	英国皇家注册设备工程师协会（CIBSE）
1996年	良好的室内空气品质应该是"空气中没有已知的污染物超过公认的权威机构所确定的有害物浓度指标，且处于这种空气中的绝大多数人（≥80%）对此没有表示不满意"	美国标准《满足可接受室内空气品质的通风》（ASHRAE 62—1989）

1996年，美国供暖、制冷和空调工程师协会（ASHRAE）提出了"可接受的IEQ"的定义：空调房间中绝大多数人没有对室内空气表示不满意，并且空气中没有已知污染物达到了可能对人体健康产生严重威胁的浓度；还提出了"感受到的可接受IEQ"的定义：空调房间中绝大多数人没有因为气味或刺激性表示不满，它是达到"可接受的IEQ"的必要而非充分条件。ASHRAE标准中对IEQ的定义包括了客观指标和人的主观感受两个方面的内容，比较科学和全面。

健康的室内环境主要是指无污染、无公害、可持续、有助于消费者身体健康的室内环境。也就是说在室内环境的建筑、设计和装饰中，不仅要满足消费者的生存、审美的需求，还要满足消费者的安全、健康的需求。

近年来，我国的室内环境专家提出，室内环境品质与人体的生理指标与心理指标有着密切的联系。室内环境品质的提高能够改善人们的睡眠、消除疲劳、增强免疫力，改变亚健康状态。

2. 室内环境的健康效应

（1）室内环境健康效应的概念

室内环境中的诸多因素可以综合地作用于人体，对人体健康既会产生有益作用，在一定条件下也会产生不良影响。对人体的健康会产生不良影响的室内环境因素按性质分类可分为物理性、化学性和生物性三大类，见表1—29。

表 1—29　　　　　　　　　对人体健康不利的室内环境因素

分类	主要环境因素
物理因素	1）微小气候：指生活环境中空气的温度、湿度、风速和热辐射等因素。机体在代谢过程中通过辐射、传导、对流、蒸发等方式维持热平衡，而微小气候可明显影响机体的热平衡； 2）噪声：包括建筑噪声、交通噪声和生活噪声等。噪声可妨碍正常的工作、学习及

续表

分类	主要环境因素
	睡眠休息，对听觉和听觉外系统也产生明显不良影响； 3）振动：振幅很小（只有几微米）的环境地面运动。振动系由天然的和（或）人为的原因所造成，例如风、交通干扰或机械振动等； 4）非电离辐射：非电离辐射按波长可分为紫外线、可见光、红外线、激光、微波、通信设备产生的射频电磁辐射等，可对人体产生多方面的明显损害； 5）电离辐射：包括当地自然环境如土壤、岩石、水中的放射性物质，如铀、镭、氡及其子体等，还包括人类在生产活动中排放的放射性废弃物、核爆炸、核泄漏等，后者是环境受放射性污染的主要原因，可对人类健康造成长期的有害影响
化学因素	1）装修装饰：甲醛、苯系物、氨、TVOC、重金属等对人体健康产生较大的危害； 2）大气污染物侵入：包括自然因素引起的污染源，如火山爆发、森林火灾等导致的污染；还包括生产废气与汽车尾气，主要有一氧化碳、氮氧化物、烃类和铅化合物； 3）燃料燃烧：采暖与烹调产生的污染物，主要是煤和石油燃烧导致的污染，有烟尘、二氧化硫、氮氧化物、一氧化碳、二氧化碳、各种烃类以及金属氧化物等； 4）人与人的活动：吸烟以及使用杀虫剂、化妆品等产生的污染物
生物因素	指环境中的细菌、真菌、病毒和寄生虫等，来源于自然环境和各种人为因素

由于环境污染物种类繁多，受环境污染作用的人群年龄差异巨大，因此环境污染所致的健康损害是很复杂的。按照环境污染对人群的损害程度及病症显示的时间来划分，原则上可将损害形式分为急性中毒、慢性中毒、过量负荷和远期效应等几种情况，见表1—30。

表1—30　　　　　　室内环境因素可能对人体引起的损害

分类	说　明
急性中毒	大量的毒物于短期内进入机体所致
慢性中毒	环境中有毒、有害的污染物质低浓度、长时间、反复对机体作用所产生的危害称为慢性中毒。这种危害是由于毒物本身在体内的蓄积（物质蓄积）或由于毒物对机体微小损害的逐渐累积（机能蓄积）所致。人类在这种低浓度污染环境中生活数月、数年、甚至几十年后逐渐引起机体慢性中毒，影响机体生长发育和生理、生化功能变化，使机体抵抗力降低，导致人群中慢性疾病的发病率和死亡率增高
过量负荷	人群所受到的环境污染通常具有浓度低、时间长的特点。按照环境污染对人体健康影响的程度或生物学效应的强度，一般将发病过程分为死亡、发病、亚临床变化和污染物在体内过量负荷四个等级。 绝大多数的环境污染对人群健康的影响，常常是污染物及其代谢产物在人体内过量负荷和出现亚临床变化。所谓亚临床变化是未出现症状，用一般的临床医学检查方法难以发现阳性体征的。随着污染浓度（剂量）的增加和接触时间的延长，才逐渐显露出人体健康损害或引起疾病。近年来，人们为预防疾病，已把注意力从发病期扩展到发病前期（或亚临床期），把发病前期机体的变化作为评价环境质量的依据
远期效应	1）致癌作用：有些学者估计人类癌症中80%～90%与环境因素有关。病毒性因素引起的肿瘤占5%，放射性因素引起的肿瘤占5%，化学性因素引起的肿瘤占90%，而人类所接触到的化学物质和放射性物质主要来自环境污染。人类在生活过程中所接触到的环境污染物，主要是化学性污染物，已报道约有1 000种化学物质能够引发实验动物产生肿瘤，而那些可疑能够引发肿瘤的化学物质则比这个数字要大得多； 2）对遗传的影响：环境因素可以影响生物的遗传性质，使遗传性状产生突变。所谓突变就是生物体中遗传物质发生突然的变异。环境污染对遗传影响的作用机理主要有诱

续表

分类	说　明
	发作用和致突变作用两种类型。诱发作用的基本变化是内在的基因变异，在一般情况下不发病，此种"敏感个体"要在有关外界诱发因素作用下才发病。致突变作用，是指外界环境污染物中一些致突变物质可触发基因突变和染色体畸变。诱发作用和致突变作用对环境污染物的遗传毒性作用有不同的影响

健康效应评价是对环境污染引起人体某些生理功能与结构发生反应和变化的定性和定量分析。这种分析不能仅以人体是否出现疾病的临床症状和体征来评价环境污染的存在与否及其严重程度，还应当观察这种污染对人体正常生理及生化功能的影响，及早发现临床前期的变化。因此人群健康效应资料除来自死亡统计或临床诊断报告外，还利用某些症状、特异性病变或生化、生理、神经功能等方面的生物学效应指标反映健康状况的轻微变化，以便早期了解有害因素的影响。人群健康效应评价是预防工作的基础。

在进行流行病学研究设计时，要根据研究目的的需要和各项健康效应的可能持续时间、可能受影响的人数以及其危害的大小等，从众多指标中，权衡其重要性，选取必不可少的几项作为评价指标。

（2）健康危险度评价（Health Risk Assessment，HRA）

危险度评价是流行病学的基本研究方法，在探索疾病的病因方面已经取得了显著的成绩，并得到广泛应用。危险因素指的是"与疾病的发生有联系，但又不一定是充分病因的因子"。危险度是指导致不良结果的机会，危险度评价是分析和评估暴露于环境危害因子与健康和安全的关系的过程，包括相对危险度评价、危险度权衡分析、危险度信息交流、投资—效益分析、决策分析、生命周期分析等一套正式或非正式的分析。

虽然目前采用的"危险因素评价"方法在低浓度污染物对健康的影响方面表现出了它的局限性，在研究饮食、生活方式或环境因素与疾病之间的关系时难以得到确定性的结果，但是有些现象还是必须引起重视的，例如：吸烟主要诱发肺癌中的鳞癌，而被动吸烟能诱发肺癌的报道中则多为腺癌；烧煤的空气污染在中国已存在几百年，而女性肺癌却是近30年才迅速增加；东西方国家室内空气污染情况大不相同，但女性肺癌的情况却极其相似。

1）与健康危险度评价有关的要素。健康危险度评价包括四个组成部分：危害鉴定、剂量/反应与剂量/效应关系评定、暴露评价和危险特征分析。表1—31列出了与健康危险度评价有关的要素。

表 1—31　　　　　　　　　与健康危险度评价有关的要素

要素名称	说明
毒性	它是指化学物质能对机体产生有害效应，或引起机体损伤的性质和能力
危害性	它是指在特定暴露条件下，物质、化合物或在其生产、使用或处理的过程中，对生物体或环境造成损害的可能性
暴露	它是指能够到达靶人群、生物体、器官、组织或细胞的某种物理、化学或环境因素的浓度、数量或强度。对于化学或微生物因素，以数量的方式表示其浓度、时间和频率；对于物理因素如辐射，暴露表示的是靶人群、生物体、器官、组织或细胞通过任何途径的吸收
危险度	它是指在特定条件下，暴露化学或物理因素，引起有害事件（死亡、伤害、损失）的可能性；或在特定条件下，暴露化学或物理因素，发生有害事件（死亡、伤害、损失）的预期频率
效应	它是指在特定暴露条件下，个体或群体产生的生物学变化
剂量—效应关系曲线	它是指剂量与其产生的以适当单位测量的生物学变化间的关系曲线
反应	它是指出现特定效应的个体在整个群体中所占的比例
剂量—反应关系曲线	它是指剂量和产生全或无效应的个体所占整个暴露人群比例之间的关系曲线
危险度评价	它是对特殊使用或出现的化学或物理因素的数量、处理方式和所有可能的暴露途径对人群或社会产生的有害效应进行定性和定量评价，定量需要建立靶个体或人群的剂量—效应和剂量—反应关系

2）健康危险度评价的目的。通过健康危险度评价，在已知暴露条件下，可以提供：

①预计可能产生的不良健康效应及特征；

②估计这些不良健康效应发生的概率（危险度）；

③估计具有这些不良健康效应的超额人数；

④为空气中某些化学物质的可接受浓度提供依据；

⑤提出预防保健的重点；

⑥评价空气污染的防治效果。

大多数室内环境污染指标和标准可能引起的健康风险，与室外环境和工业场所相比，尚存在许多不确定性。在工业场所，工人通常在某一时段暴露在一种或几种化学物质下，而在办公室或类似非工业场所，人员暴露在任一污染物下的概率和程度都比工业场所小。室内空气中存在着源于建筑材料、家具、办公设施、人体新陈代谢、烟草烟雾和室外空气的长期低浓度化合物。由于大量污染物及其相互作用存在不确定性，目前对多种低浓度污染物所产生的短期和长期效应还不够了解。

在现有水平下，只能以单个低浓度污染物为研究对象，特别是对幼儿园、疗养院等类似场所，包括那些人员长时间在室内工作或室内有大量易感人群（如儿童、老年人和对污染物过敏的人群）的地方，专家正在开展以甲醛、可吸入颗粒物、微生物等单个低浓度污染物为目标的健康风险度研究。

3. 室内空气品质评价方法

目前国内对室内空气品质评价方法尚未建立统一标准。现将国内外评价室内空气品质的一些较为成熟的综合和单项评价方法以及评价指标作一简要介绍。

（1）室内环境品质的综合评价

由于影响室内空气品质的因素有很多，在进行室内空气品质的评价时，一般采用综合评价的方法，以便对客观事物不同侧面的数据作出总评价。这些评价方法包括主客观综合评价法、模糊综合评价法、灰色评价法、动态模式法以及应用计算流体力学进行评价的数值求解法等。部分评价方法如表1—32所示。

表1—32　　　　　　　　室内环境品质的综合评价方法

评价方法	主要内容
主客观综合评价	建立了一套以国际模式和我国国情为基础的评价方法，并付诸实施。由于采用了统一的表述方式和表达形式，便于对各个地区的室内空气品质状况进行对比，有针对性地提出切实可行的对策与措施，也为有关部门制定政策或进一步研究提供基础依据
模糊综合评价	在室内空气品质各单项评价指标的基础上，应用模糊数学的基本理论，提出了评价室内空气品质优劣的综合指标，从而为更客观地评价室内空气品质状况提供了一种方法和思路
灰色评价	应用灰色系统基本理论，对室内空气品质进行灰色综合评判研究，结果发现，该方法所得与模糊评价法的结果基本一致。该方法原理简单，算法简捷，所得结果较模糊评价法分辨率高，有很强的实用性，从而为更客观地评价室内空气品质提供了一种新的方法和思路
客观评价	采用大气质量指数评价方法，选择七个测定参数以及五个背景测定参数。根据这一方法对上海四幢办公大楼的空气品质进行了测定，取得了大量数据，并据此提出办公大楼室内空气品质的等级标准
数值求解	提出以 Nivaer—Stokes 方程为基础，将描述室内空气环境的各种物理参数的一组非线性方程进行空间和时间上的离散，通过相应的数值解法进而求得各离散点上的物理参数的一种数值求解方法

综合评价过程主要有三条路径，即客观评价、主观评价和背景调查。

客观评价是直接采用室内污染物指标来评价室内空气品质。

主观评价是指利用人的感觉器官进行描述和评价，一是表达对环境因素的感觉，二是表达环境对健康的影响，并用国际通用的调查表方法来规范主观评价，以提取最大的信息量，强化评价数据的可靠性。

背景调查中一部分是排他性调查，另一部分是个人资料调查，主要用以排除非室内空气品质因素所引起的干扰,避免影响评价结果,有助于作出正确判断。

最后综合三个途径的资料,通过统计分析来评价室内空气品质和等级,根据要求,提出仲裁、咨询和整改对策。

(2) 空气耗氧量评价法

空气耗氧量评价法是通过反应方法测定室内挥发性有机化合物(VOC)被氧化的空气耗氧量,表征室内 VOC 的总浓度,其原理是基于空气污染物中的有机物可被重铬酸钾—硫酸液完全氧化,根据有机物被氧化时消耗的氧气量推算出空气中 VOC 的含量。国内在 1989 年发布的《人防工程平时使用环境卫生标准》中,将空气耗氧量作为地下旅馆、影剧院、舞厅、餐厅的环境卫生标准的一个指标,该标准于 1998 年被国家技术监督局和卫生部颁布为国家标准。空气耗氧量与室内空气品质的其他指标如二氧化碳、一氧化碳、空气负离子、甲醛浓度、微生物等有显著的相关性,是综合性较强的室内空气污染指标。

(3) 通风效率及换气效率评价方法

这两个指标是从发挥通风空调设备和系统的效应,进行有效通风,提高室内空气品质的角度出发提出来的。利用室外新风稀释与排除室内有害气体或气味,仍是保证室内空气品质的基本措施,一般认为有效通风是提高室内空气品质的关键。近年来国外学者对通风评价方法进行了大量的研究,提出了通风系统的评价指标。换气效率,定义为室内空气的实际滞留时间与理论上的最短滞留时间的比值,它是衡量换气效果优劣的一个指标,与气流组织分布有关。通风效率,定义为排风口处污染物浓度与室内污染物平均浓度之比,它表示室内有害物被排除的快慢程度。

 技能要求

根据现场情况,对室内环境品质进行评价

为了获得良好的室内环境品质的评价结果,必须对整个室内环境的影响因素进行调研。图 1—1 提出的室内环境品质评价流程图,给出了评价室内环境品质的各个步骤,其目的在于为评价者提供一个方法,以利于恰当地、综合地体现评价的结果。给出影响室内环境品质的各种环境因素,包括室内环境因素、室外环境因素、主观因素、客观因素,这些因素会在评价中起到重要作用。

对于流程图中给出的程序以及内容,可以进行一定程度的改动,但是,所有的步骤是不可缺少的。

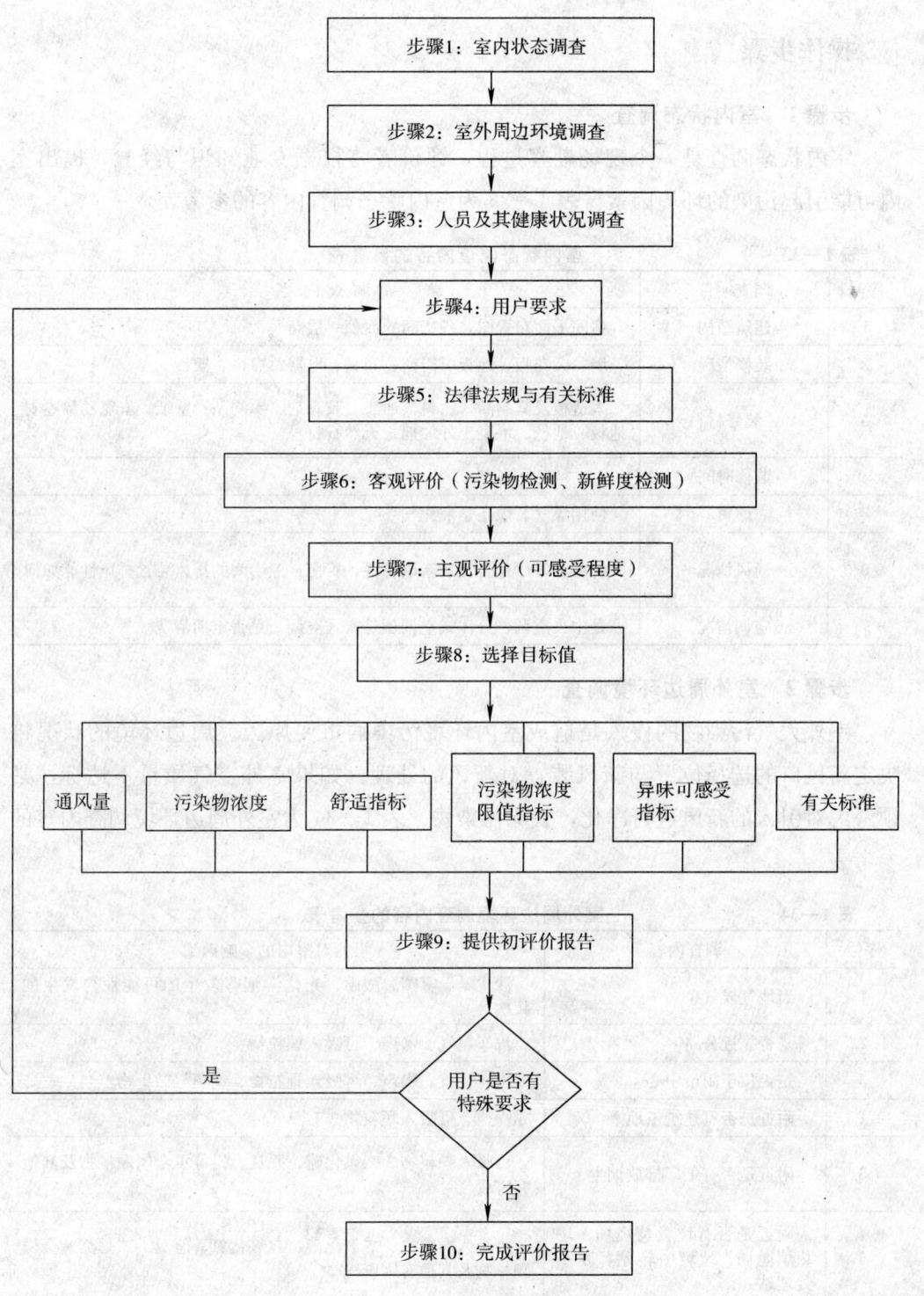

图 1—1 室内环境品质评价流程

操作步骤

步骤1 室内状态调查

室内状态调查是一个现场勘察过程，评价者将根据专业知识与经验，提出室内可能引起污染的环境因素。表1—33为室内状态调查内容的参考表。

表1—33　　　　　　　　　室内状态调查内容的参考表

序号	调查项目	调查内容
1	建筑结构	房间平面布置图、各房间的面积、层高
2	装修情况	墙、天花板、地板、门窗、家具、电器、窗帘、摆设
3	装修材料	人造板及其制品、涂料、油漆、胶黏剂、木制品、壁纸、聚氯乙烯卷材地板、地毯、混凝土外加剂、天然石材
4	装修时间	—
5	燃料	使用煤气、煤还是液化气
6	通风情况	卧室、客厅是否安装新风装置，厨房、卫生间的排风装置排风性能如何
7	空调情况	是中央空调、分体式空调还是窗式空调，是否定期清洗

步骤2 室外周边环境调查

室外大气污染物的侵入是造成室内环境污染的重要原因。周边环境的状况将决定新风口的选择位置与新风装置对新风的处理。如果室外空气质量不达标，必须考虑对引入的新风进行净化，去除污染物。表1—34为室外周边环境调查内容的参考表。

表1—34　　　　　　　　　室外周边环境调查内容的参考表

序号	调查内容	可能对室内的影响因素
1	当地气候气象	沙尘暴、雾霾、酸雨、光化学烟雾发生的可能性与发生的频次
2	是否靠近公路	汽车尾气、噪声、可吸入颗粒物
3	是否位于闹市中心	汽车尾气、噪声、可吸入颗粒物、细菌等微生物
4	附近是否有建筑工地	噪声、可吸入颗粒物
5	附近是否有工厂排放烟尘	可吸入颗粒物、二氧化硫、恶臭、铅等重金属颗粒物及其他有害废气
6	附近是否有垃圾焚烧场、垃圾填埋场、垃圾中转站、废水处理站	可吸入颗粒物、二氧化硫、二氧化氮、恶臭、二噁英、金属颗粒物及其他有害废气
7	附近是否有隧道、地铁、立体停车场的排气口	汽车尾气、可吸入颗粒物、二氧化硫、二氧化氮、恶臭、金属颗粒物及其他有害废气

续表

序号	调查内容	可能对室内的影响因素
8	附近是否有餐厅的厨房排放油烟废气	可吸入颗粒物、厨房油烟
9	小区的生态环境如何	微生物、蚊蝇等飞虫
10	有否花粉污染	花粉引发过敏
11	是否受到公共通道污染的影响（如邻居的厨房排放油烟、卫生间异味等）	可吸入颗粒物、厨房油烟与异味、微生物

步骤3 人员及其健康状况调查

人与人的活动是造成室内环境污染的重要因素，人的不良的生活习惯也可能造成室内空气品质的下降。表1—35为室内人员及其健康状况调查表。

表1—35　　　　　　　　　室内人员及其健康状况调查表

序号	调查项目	调查内容
1	人员情况	有否老、弱、病、残、孕、婴、幼等弱势人群？成员中有无哮喘等过敏性疾病病史
2	人员感官情况	有否感觉有异味、灰尘烟雾特别大
3	人员健康情况	呼吸道有无不适，有无喉咙痛、喉咙痒、咳嗽等症状，有无皮肤丘疹、哮喘等过敏症状，有无乏力、困倦、头晕等症状
4	宠物情况	所养宠物的类型，宠物是否有异常情况
5	植物情况	所养植物的类型，植物是否有异常情况
6	气雾剂	是否经常使用气雾类的化妆品、清洁剂或杀虫剂
7	吸烟情况	吸烟者吸烟史、是否在房间中吸烟、是否存在二手烟污染
8	卫生习惯	定期打扫房间与开展个人的卫生工作

步骤4 用户要求

用户的要求是决定评价目标的重要依据。用户的知识层面、阅历、卫生习惯、环保意识以及经济状况不同，对室内环境品质的要求也不同。用户的要求将决定室内环境评价目标值的重要内容。表1—36为用户要求的调查内容。

表1—36　　　　　　　　　用户要求的调查内容

序号	调查项目	调查内容
1	舒适	温度、湿度、清洁度、新鲜度都能达到舒适的要求，没有具体指标，是一种主观的要求
2	污染物浓度	所有的污染物都要达到有关的室内空气质量标准，有的提出要求达到国际先进标准
3	提高效率	要求通过室内环境品质的改善，提高学习、工作的效率

续表

序号	调查项目	调查内容
4	健康	要求提高室内人员的免疫能力，预防环境因素引发的感染与过敏（包括可确认的疾病和不确定的综合性症状）、要求改善睡眠等
5	改善呼吸	仅仅因为吸烟、豢养宠物需要改善呼吸

步骤 5　法律法规与有关标准

确认对室内环境品质的调查是否需要遵循某些特殊要求，例如国家或地方性的要求（法律、法规、标准、指南、规范等）、污染物浓度的限值、选用方法的限制。用户可以根据提示的法律法规与有关标准决定室内环境的指标是否要超过这些标准。

步骤 6　客观评价（污染物检测、新鲜度检测）

根据现场勘察污染源的情况，向用户提供污染物浓度的检测报告。根据室内通风情况，向用户提供新鲜度检测的报告，并将测试结果与用户认可的相关标准进行对照，做出室内环境的客观评价。

例如，某一住宅周边的大气中可吸入颗粒物浓度为 $0.14\ mg/m^3$，室内空气中的浓度为 $0.15\ mg/m^3$，相关的国家标准为 $0.15\ mg/m^3$。如主人对可吸入颗粒物浓度的限值只要达到国家标准，那么该项指标的客观评价就是可以通过的。如主人对可吸入颗粒物浓度的限值要求达到世界卫生组织制定的先进标准（$0.02\ mg/m^3$），那么该项指标的客观评价就不可以通过，而且要建议采取相应的严格的控制方法。

步骤 7　主观评价（可感受程度）

室内环境品质可以直接表现为室内人员的反应（如不满意率），主观评价是基于室内人员的反应来考虑的。室内人员判断可以接受环境品质的基准就是舒适感。舒适感来源于人体的多个感觉器官的综合信息，如鼻、喉、眼睛、皮肤和体内调节器官（主要是丘脑）。这些器官对温度、湿度、风速以及各种污染物进行感知，通过感知的综合反应来判断室内环境是否舒适、新鲜、有异味或引起刺激。

人员的个体差异性很大，表现在嗅觉灵敏度方面更为突出。一般建议参与感官评价的人员最好为：18～25 岁的女性，无婚史，身体健康，无不良嗜好，现场评价时应该精神状态良好，不在例假，不要化妆。

人的嗅觉有惰性，正如古人云："如入芝兰之室，久而不闻其香；如入鲍鱼之肆，久而不闻其臭"，所以现场主观评价要求在进入室内 5 s 内做出感官的认知。人员进入室内一段时间后会减弱对室内气味的敏感度，更长时间后就会接受或习惯这种气味。人这种嗅觉的惰性，决定了室内环境品质的下降会在不知不觉中对人体的健康造成侵害。

参与现场主观评价的人员的数量要有一定的规定，约 10~15 个，每一次评价值要求达到 80%以上的认可。表 1—37 为人们对室内环境品质可感受程度的调查表。

表 1—37　　　　　　　　室内环境品质可感受程度的调查表

级别	舒适感	对空气品质的反应
0	十分舒适	温度、湿度适宜，无明显风速，未闻到任何气味，无任何反应
1	舒适	温度、湿度适宜，无明显风速，勉强闻到气味（感觉阈值），不易辨认臭气性质，感到无所谓
2	一般	温度、湿度适宜，无明显风速，能闻到较弱的气味，能辨认气味性质（识别阈值）
3	没有感觉	温度适宜，感到干燥或潮湿，很容易闻到气味，有所不快，但不反感
4	不舒适	温度、湿度不适宜，有较强的气味与刺激味，很反感，想离开
5	很不舒适	温度、湿度不适宜，有极强的气味与刺激味，无法忍受，立即离开

清洁的空气是无色无臭的。表 1—37 列出了室内人员对室内环境品质的感受反应，一共分 6 级，很显然，0 级与 1 级是主观评价可以接受的目标。

步骤 8　选择目标值

经过主、客观评价，可获得通风量决定的新鲜度、各项污染物的浓度测试值以及用户对室内环境的可接受程度，然后根据用户同意的舒适指标、污染物浓度限值指标、异味可感受指标以及相关的标准，可以写出室内环境品质的预评价报告。

步骤 9　提供初评价报告

用户将对提供的初评价报告做出审视，决定是否还有其他特殊的要求，如有，将从用户修改的要求起重复评价的程序；如没有，将提出正式的评价报告。

步骤 10　完成评价报告

思考题

1. 室内环境现场检测的目的是什么？
2. 您能列举 5 种以上居室内影响人们健康的环境因子吗？
3. 室内环境现场检测的要求有哪些？
4. 请说出地铁候车大厅应当检测哪些空气污染物？
5. 公共场所集中式（中央）空调应当现场检测哪些项目？
6. 我国当前造成室内环境化学污染的主要原因是什么？需要主要控制的化学污染物有哪些？

7. 通过空气传播疾病的微生物有哪些？为什么说公共场所集中式（中央）空调的通风系统是室内微生物污染的最大污染源？

8. 什么是可吸入颗粒物？室内空气中有哪些可吸入颗粒物？请叙述吸烟与被动吸烟的危害。

9. 影响幼儿园室内环境质量的要素有哪些？如何评价幼儿园室内环境的质量？

10. 室内环境质量主观评价的主要内容包括哪些方面？客观评价呢？

第 2 章
治理施工

第 1 节　选择室内环境治理方法

学习单元 1　室内环境治理方法

**学习目标**

➢ 了解室内环境污染源的治理方法
➢ 了解室内环境污染物的治理方法

知识要求

美国采暖、制冷与空调工程师协会（ASHRAE）是国际公认的行业权威机构，大多数的国际标准和准则都是基于或参照该协会制定的标准。

2003 年，两名游客将"非典"病毒携入香港，进而引起了全球"非典"流行病的暴发。"非典"病毒的感染不在医院内，而在宾馆与公寓内，这让科学家们把视线聚焦在楼宇的通风系统上。

2005 年，ASHRAE 在形势报告中特别指出了细菌、病毒等微生物会通过空气媒介传播疾病。它认为，建筑通风系统，由于空气混合，有可能会引起建筑物内大面积的空气污染，引发疾病。ASHRAE提出了用过滤、空气交换、消毒与气压控制的方法来控制微生物传播疾病。通风系统的过滤、气体交换、消毒与气压控制不仅对微生物污染是有效的，对控制颗粒物污染、气体污染同样是有效的。

针对装饰装修引起的室内环境化学污染，行业内治理专家与企业总结出了一套污染源治理与空气净化相结合的综合治理方法，在治理甲醛、苯、TVOC、氨、氡等污染物方面取得了成功，为保护人民的居住与工作环境作出了贡献。

1. 室内环境的装饰装修材料污染源治理方法

室内空气化学污染控制方法可归结为：源头控制、通风稀释以及空气净化。

治污要治源。室内空气品质和室内空气污染控制应特别重视污染物源头治理，消除或减少室内污染源无疑是改善室内空气质量，保证工作、居住环境安全的最经济、最有效的途径。

一段时期内，室内环境的化学污染主要来自装饰装修材料。常见的室内装饰装修材料有十种，分别为人造板及其制品，溶剂型木器涂料，内墙涂料，胶黏剂，木家具，壁纸，聚氯乙烯卷材地板，地毯、地毯衬垫及地毯胶黏剂，混凝土外加剂与建筑材料中的放射性核素。表2—1为上述十种装饰装修材料需要控制的污染物名称与一般治理方法。

表2—1　常见的十种装饰装修材料需要控制的污染物名称与一般治理方法

装饰装修材料	需要控制的污染物	治理方法
人造板及其制品	甲醛	1）进行二次饰面处理，即可以通过较高级的饰面处理进一步降低人造板及其制品的甲醛释放量； 2）对于没有饰面的人造板及其制品的背板、内板，可以使用甲醛清除剂进行处理； 3）加强室内通风，使用有效去除甲醛的空气净化产品
溶剂型木器涂料	苯类（苯、甲苯、二甲苯）、挥发性有机化合物（VOC）、甲苯二异氰酸酯（TDI）以及铅、镉、铬、汞等重金属	1）使用前应严格按照说明书上的配比与稀释剂进行稀释，喷涂或刷涂时应控制厚度与时间间隔，避免在空气湿度高的天气施工； 2）施工后要加强通风； 3）水溶性木器涂料中的可挥发物极少，改变了溶剂型涂料必须使用挥发性有机溶剂的传统，是一种真正意义上的环保涂料。国家将制定政策逐步限制溶剂型木器涂料的生产，直至取消
内墙涂料	挥发性有机化合物、游离甲醛以及铅、镉、铬、汞等重金属	1）施工后要加强通风； 2）绿色内墙涂料是指对环境友好、对人体无害甚至能改善空气质量的内墙涂料，目前已经商业化的有经过改性的水性涂料、粉末涂料、固化涂料等；

续表

装饰装修材料	需要控制的污染物	治理方法
内墙涂料		3) 纳米光催化材料、气凝胶等复合的新型涂料在提高涂料的抗划、自洁、耐污等性能方面有重大突破，有的经过纳米材料改性的内墙涂料还具有改善室内空气质量的功能
胶黏剂	游离甲醛、甲苯、二甲苯、甲苯二异氰酸酯与总挥发性有机化合物	1) 施工后要加强通风； 2) 环保型合成胶黏剂不仅无污染，而且在性能与质量方面也高于其他的胶黏剂。高性能的环保型合成胶黏剂的品种主要有环氧、有机硅、聚氨酯及新型改性的丙烯酸等合成的胶黏剂
木家具	甲醛以及铅、镉、铬、汞等重金属	1) 新买的木家具要注意油漆、胶黏剂的挥发期，不要急于使用，最好置于通风的环境中使有害气体释放一段时间再用； 2) 房间内摆设木家具的密度不要太大，以防过多的木家具和其他装饰装修材料产生的有害物质叠加造成污染； 3) 进行封边处理。木家具的背板、衬板、抽屉板、隔板用料往往是释放甲醛的污染源，应当检查后采取治理措施； 4) 委托专业的治理公司处理木家具产生的污染气体问题，不要盲目地使用材料，防止造成家具表面的损坏或二次污染； 5) 在室内使用能快速去除甲醛、苯类、总挥发性有机化合物等有害气体的空气净化器或安装具有足够换气量的新风处理设备
壁纸	氯乙烯单体，甲醛，钡、镉、铬、铅、砷、汞、硒、锑等重金属污染物	1) 铺设壁纸前的墙面要做净化与抗菌处理； 2) 选用环保型的胶黏剂； 3) 壁纸铺设好后，表面可以喷涂纳米净化材料； 4) 加强通风或使用空气净化器
聚氯乙烯卷材地板	镉、铅等重金属，甲苯等挥发性有机化合物，氯乙烯单体	1) 选用环保型的胶黏剂； 2) 选用无铅型的产品； 3) 加强通风或使用空气净化器
地毯、地毯衬垫及地毯胶黏剂		1) 不要使用以苯为溶剂的地毯胶黏剂； 2) 在南方与气候潮湿的地区，铺设与使用地毯的场合应当控制室内的空气相对湿度。潮湿的环境中，地毯会发霉造成真菌污染，威胁人们的健康； 3) 在铺设与使用地毯的室内使用能快速去除灰尘与细菌、具有消毒功能的空气净化器或安装具有足够换气量的新风处理设备； 4) 地毯会吸附室内空气中的有害气体、灰尘以及细菌等微生物，成为一个污染源。细菌、尘螨在地毯中极易滋长繁殖，对环境造成污染； 5) 医院、老人院、幼儿园、疗养院等易感场合不应使用地毯
混凝土外加剂	氨	一种采用特殊改性的化学吸附介质的空气净化设备可以十分有效地快速去除室内空气中的氨气。特别要注意的是，这种空气净化器的处理风量应为室内空间的 10 倍以上

续表

装饰装修材料	需要控制的污染物	治理方法
建筑材料中的放射性核素	天然石材中会含有一定剂量的放射性核素，用作建筑材料进入室内后会对人体带来很大的危害	1）在选购天然石材时，一定要卖方提供产品的放射性合格证明，根据产品的放射性等级来确定使用的部位； 2）天然石材的颜色与其放射性有某种联系。一般情况下，天然石材的放射性从高到低排列的颜色依次为：红色、绿色、肉红色、灰白色、白色和黑色； 3）采用天然石材装修的房间，装修完成后应当请当地的室内环境检测部门到现场进行氡污染检测，检测合格后方能放心地入住

室内装饰装修需要控制的污染物主要为甲醛、苯系物（苯、甲苯、二甲苯）、总挥发性有机化合物 TVOC、氨与氡。表 2—2 为这些污染物的主要来源与一般常见的治理方法。

表 2—2　　　　　　　装饰装修常见化学污染物的来源与治理方法

室内常见污染物	主要来源	常见治理办法
甲醛	人造板（如家具、壁橱、天花板、地板、护墙板等）	1）板材前期预处理：涂敷甲醛消除剂、热压； 2）板材事后处理：封边、涂敷甲醛消除剂、喷涂光催化剂； 3）现场综合治理：升温（冬季治理），通风，使用空气净化器（除甲醛类），种植芦荟、垂挂兰、龙舌兰、仙人掌
甲醛	装修材料（如油漆、涂料、胶黏剂、保温、隔热和吸声材料等）	1）通风； 2）使用空气净化器（除甲醛类）
甲醛	装饰物（如墙纸、墙布、化纤地毯、挂毯、人造革等）	1）涂敷甲醛消除剂； 2）喷涂光催化剂； 3）通风； 4）使用空气净化器（除甲醛类）
甲醛	化学制品：化妆品、清洁剂、杀虫剂、防腐剂	1）通风； 2）使用空气净化器（除甲醛类）
苯系物	装修材料（如油漆、涂料、稀释剂、胶黏剂等）	1）通风； 2）升温（冬季治理）； 3）喷涂光催化剂； 4）使用空气净化器（除吸附类）； 5）种植扶郎花、菊花、月季和铁树等绿色植物
总挥发性有机化合物 TVOC	装修材料（如油漆、涂料、胶黏剂、人造板、家具、壁橱、天花板、地板、护墙板、隔热材料、防水材料等）	1）通风； 2）喷涂光催化剂； 3）使用空气净化器（除挥发性有机气体类）； 4）室内绿化
总挥发性有机化合物 TVOC	装饰物（如墙纸、墙布、化纤地毯、挂毯、人造革等）	1）通风； 2）使用空气净化器（除挥发性有机气体类）

续表

室内常见污染物	主要来源	常见治理办法
总挥发性有机化合物（TVOC）	化学制品（如化妆品、清洁剂、杀虫剂、防腐剂等）	1）通风； 2）涂敷甲醛消除剂； 3）喷涂光催化剂； 4）使用空气净化器（除挥发性有机气体类）
	办公用品（如复印机、打印机等）	1）通风； 2）使用空气净化器（除挥发性有机气体类）
	吸烟	1）禁止在室内吸烟； 2）通风
氨	阻燃剂、增白剂、混凝土外加防冻剂	1）加强通风； 2）安装新风装置； 3）使用空气净化器（化学吸附类、化学吸收类）
	美容厅使用的喷发胶	1）加强通风； 2）安装新风装置； 3）使用空气净化器（化学吸附类、化学吸收类）
	卫生间	1）加强通风； 2）使用空气净化器（化学吸附类、化学吸收类）
氡	宅基地和土壤	1）地基处理：铺垫隔离层、加强防渗层结构、密封地面接缝处； 2）通风稀释； 3）使用空气净化器（除尘类）； 4）安装新风净化装置使室内形成正压
	建筑材料	1）严禁使用放射性核素超标的建筑材料； 2）加强通风； 3）安装新风装置； 4）使用空气净化器（除尘类）
	大气侵入	使用新风装置和空气净化装置（化学吸附类、化学吸收类）

2. 提倡绿色装修

（1）绿色装修的要点

控制室内环境装修污染的最好的方法是倡导绿色装修。绿色在现代是环保的代名词，绿色代表自然、天然、非人工，进而引申为安全的、有益于健康的与可持续发展的。

绿色装修是以人为本，在环保和生态平衡的基础上，追求高品质生存、生活空间的活动。要保证装修过的生活空间不受污染，在使用过程中不对人体和外界造成污染，这里所说的污染是指空气污染、光污染、视觉污染、噪声污染、饮水污染、排放污染等。简言之，绿色装修应符合下列标准：环保、健康、舒适、美化。

根据绿色装修的含义，绿色室内环境主要是指无污染、无公害、可持续、有助于消费者健康的室内环境，在其建筑、设计和装饰中，不仅要满足消费者的生存和审美需求，还要满足消费者的安全和健康需求。表2—3为室内装修各个阶段绿色装修的要点。

表2—3　　　　　　　　　　　绿色装修的要点

阶段	要点
设计	简洁、实用，尽量选用无毒、少毒、无污染、少污染的施工工艺与节能型材料，充分考虑室内空间的承载量和通风量，提高空气质量
施工	降低施工中粉尘、噪声、废气、废水对环境的污染和破坏，并重视对垃圾的处置
材料	严格选用环保安全型材料，选用不含甲醛的胶黏剂，不含苯的稀料，不含苯的石膏板材，不含甲醛的大芯板、贴面板等，以保证提高装修后的空气质量；要尽量选用资源利用率高的材料，如用复合材料代替实木；选用可再生利用的材料，如玻璃、铁艺件、铝扣板等；选用低资源消耗的复合型材料，如塑料管材、密度板等

(2) 绿色装修的原则

绿色装修是一个完整的过程，包括绿色环保设计、绿色饰材使用、绿色环保施工这三个方面的内容。在绿色装修过程中应遵循以下原则：

1) 安全第一的原则。对于家装设计的好坏，目前国际上普遍流行用三大标准来衡量，即所谓的三大概念：S（safety）、H（health）、C（comfort），分别代表的是安全性、健康性、舒适性。我国过去一般都套用建筑设计的标准，即安全性、实用性、经济性、美观性来评价，现在也逐渐地开始和国际接轨，其中国际上提出的舒适性就包含了实用性与美观性的内容。结合国情，专家认为家装设计必须遵守的原则是安全性、健康性、舒适性、经济性四项。这四项的先后次序千万不能搞错，它从一个侧面表达了各个标准重要性的程度。由此可见，任何家装中安全性是最基本、最重要的，因为人类生活、生产及享受都必须以延续正常生命为前提。

2) 健康性的原则。近几年来，人们对健康越来越重视，因此建筑和室内装修的健康性问题也备受瞩目。目前我国在这方面也正在采取相应措施，积极行动起来，并提出了"健康住宅"的概念。所谓"健康住宅"就是让人们的家居有一个对身体健康有利的自然环境，不产生或少产生对身体健康有害的污染，同时能满足特殊人群（残疾人、老人等）的正常使用。家装中为保证健康性一般要做到以下几点：确保良好的自然条件；建立良好的家居自然环境；做好室内环境污染的防治。

3) 舒适性的原则。人们进行家装的目的就是要使自己的家庭生活更加舒适。

那么什么样的家居环境才能让家庭成员感到舒适呢？这主要取决于它满足人的物质与精神两方面需求的程度。前者就是在功能上满足家庭生活的使用要求，并提供一个使人体感到舒适的自然环境；后者则是创造出一种和家庭生活相适应的氛围，使家居具有一定的审美价值，并且通过联想作用，更使其能具有一定的情感价值。

4）经济性的原则。家居装修要消费巨大的社会财富，据不完全统计仅上海地区目前每年老百姓用于家居装修的费用就达三百亿，就每个家庭而言家居装修少则花费三四万、十几万，多则花费几十万、上百万，所以家居装修与经济就有着非常密切的联系。虽然随着我国改革开放的深入，人民生活水平有了极大的提高，但和发达国家相比还是有一定的差距，因此，厉行节约仍是我国社会主义建设的重要方针之一。

(3) 健康住宅应达到的要求

通过绿色装修，希望健康住宅能达到以下 15 项要求：

1）会引起过敏症的化学物质的浓度很低。
2）尽可能不使用挥发化学物质的胶合板、墙体装修材料等。
3）设有换气性能良好的换气设备，能将室内污染物质排至室外，特别是对高气密性、高隔热性来说，必须采用具有风管的中央换气系统，进行定时换气。
4）在厨房或吸烟室，要设局部排气设备。
5）起居室、卧室、厨房、厕所、走廊、浴室等处要全年保持在 17~27℃。
6）室内的空气相对湿度全年保持在 40%~70%。
7）二氧化碳体积浓度要低于 0.10%。
8）悬浮粉尘浓度要低于 0.15 mg/m^3。
9）噪声要小于 50 dB（A）。
10）一天的日照确保在 3 h 以上。
11）设有足够亮度的照明设备。
12）住宅具有足够的抗自然灾害的能力。
13）具有足够的人均建筑面积，并确保私密性。
14）住宅要便于护理老龄者和残疾人。
15）因建筑材料中含有害挥发性有机物质，所以住宅竣工后要隔一段时间才能入住。在此期间，要进行换气。

3. 室内环境治理的误区

在选择室内环境污染治理方法时，广大人民群众的观念中尚存在一些误区需要纠正。这些误区与对应的正确观点见表2—4。

表2—4　　　　　　　　　室内环境治理观念的正误表

误	开窗通风就能解决室内空气污染问题
正	有人用开窗通风的方法来应对甲醛的污染问题，但这解决不了根本问题。特别是在使用空调或晚上睡眠时减少通风的情况下，仍会感到甲醛等空气污染物的刺激性异味。当在室内感受到甲醛刺激眼睛、咽喉时，人体的健康实际上已经受到了影响。 开窗通风是改善室内环境质量的常用方法。在使用开窗通风方法改善室内环境质量的时候，应注意： 1）雾霾天气和沙尘天气不宜通风换气； 2）城市空气质量低于"优"和"良"的情况下要选择性地进行通风换气； 3）居住在交通繁忙的公路和高速路旁边的家庭和单位，注意在车辆通行高峰时间不宜通风换气； 4）居住在大型医院附近，或者住房附近有养殖场、垃圾场、化工厂和食品加工厂的情况下要注意选择性地进行通风换气； 5）注意在中午和晚饭时间不要通风换气，防止厨房排放的油烟污染影响室内空气质量； 6）注意通风时间，城市居民通风换气时间最好在上午9—11点、下午13—16点或者晚上19—22点。每天通风不少于2 h； 7）开窗通风时应注意根据不同户型，将窗户全部打开，形成对流以保持室内通风和空气新鲜； 在不适宜开窗通风的时段与地段，最有效控制室内装修污染的方法是使用空气净化器与建筑机械式通风
误	我家装修的材料都是绿色的，因此不会有室内空气污染的问题
正	几乎每个商家都会在宣传材料以及样品的显著位置标明自己的产品是"绿色环保材料"，没有污染，并号称这些环保标志是消费者协会推荐的，或是经过中国环境标志产品认证委员会鉴定的。而据环保部有关工作人员介绍，他们从未给任何板材厂家做过认证。 绿色建材中有相当一部分是滥竽充数，有的是在"造绿"。一些小厂由于技术力量不过关，生产的产品甚至存在种种质量问题。中国环境标志产品认证委员会有关负责人说，涂料国标自2002年7月1日强制实施以来，几乎所有的涂料企业都说自己生产的是绿色产品，其依据就是"国标"。其实，"国标"不同于"绿色"。国家标准只是室内装饰装修材料进入市场的准入标准，达不到这个标准，就没有资格进入市场，而绿色环保产品的要求则更高，只有中国环境标志产品认证委员会颁发的带有"十环"标志的产品才能称为"绿色产品"。 所谓绿色装修，主要是指装饰材料及相应装修应用的产品要达到绿色环保、对人的身体无害的要求。这些材料大抵是指：不含甲醛、甲苯、重金属的漆类；不含甲醛的板材；不含放射性元素的石材、陶瓷制品以及蒸汽浴房必备的亚克力板等。但就目前的市场状况而言，消费者要想让装修中的所有材料都达到绿色环保标准，几乎是天方夜谭。 有资料显示，在发达国家，绿色环保装饰材料的利用率在80%～90%，而我国仅占22%。而市场上只要打有"绿色、环保"标志的装饰材料，价格就要比普通的材料贵1～5倍。打个比方，如果装修一套45 m²的居室，要是全用绿色环保产品，其工程造价至少需要10万元以上。如此高的装修价让工薪族望而却步。退一步说，即使尽可能用绿色环保产品装修，也很难达到环保居室的标准。因为在装修中必备的胶、密度板、细木工板及聚酯漆等材料，目前还没有达到环保要求的产品上市，所以即使花了很多钱购买绿色材料，但在装修中只要使用了一种达不到环保要求的装饰材料，绿色装修也就成了空谈
误	商家说，我家的装修材料是零甲醛的
正	在民用建筑的装饰装修材料中，零甲醛或零污染实际上是不存在的。可能除了特定用途的实验室外，其他任何建筑都不会出现这样的情况，但实验室不适合人居住。 绿色装修，即将污染程度控制在人体容许范围、符合国家标准是能够实现的。某些材料为了达到使用要求，不可避免地需要添加对人体有害的化学成分，比如油漆为了达到涂刷要求，需要添加溶剂和助剂。所以，"绿色"不是绝对的，只要有害物质不超过人体能够接受的范围即可。

正	绿色的和符合国家标准要求的建材也不是完全没有污染。国家环保部组织的、由中国环境标志产品认证委员会第三方实施的绿色产品"十环"认证，开始了我国的绿色建材认证工作。国家发布并且强制实施了10种《室内装饰装修材料有害物质限量》国家标准。但是，在目前的生产水平和条件下，确定了装修材料的有害物质限量，并不是要完全消除有害物质，而是要把有害物质控制在最低标准值以内，况且市场上还有假冒绿色的和不符合标准的材料
误	室内空气质量经过检测都达标了，我们全家可以高枕无忧了
正	有人发现，新装修使用的材料全部具有环保标志，但室内空气中的甲醛仍然超标，这种现象十分普遍。大家知道，装修材料行业考虑到生产技术水平与成本，现行的装修材料中甲醛的限值不可能很低，只能以大多数产品的甲醛含量作为标准。装修时，材料用得越多，装修的规格越高，家具、摆设越豪华，甲醛的污染越严重。 2008北京奥运会某场馆按绿色、环保要求进行施工、装修，结果建成后仍发现空气中甲醛严重超标。有关数据表明，新装修建筑的室内空气中，甲醛等污染物超标的比例达到70%以上
误	我家装修已经过去了2、3年，甲醛不会超标了
正	室内空气中的甲醛很容易聚集达到标准浓度水平以上，而且释放期较长，一般可达3～15年，造成污染。有资料报道，有些家具与装饰材料中有毒有害气体和物质在自然通风的条件下需5～15年才能达到安全健康标准。有关权威部门调查数据显示，北京、上海、深圳等大城市家庭装修后的室内有毒有害气体超标一般在5倍以上 要达到绿色室内环境的要求，应注意室内装修的设计原则、设计方案、施工程序、装修材料的选择与室内空气质量检验等几个方面： 1）装修中尽量采用符合国家标准的室内装饰和装修材料，这是降低室内空气中有害物质含量的根本； 2）在选购家具时应选择正规企业生产的名牌家具，有条件的家庭可将新买的家具空置一段时间； 3）装修后的居室不宜立即迁入，而应当用一定的时间开窗通风（如3个月），让材料中的有害物质尽快挥发； 4）要选择正规的装饰公司，关键材料尽量自行采购品牌产品； 5）提倡简洁、功能主义的装修方案。即便每种材料都是合格产品，都是"绿色"的，但并不能确保最后装修结果也是"绿色"的，因为多种合格材料散发的有害气体加在一起，如果超过了该房间的承载度，同样会对居住者造成危害

4. 室内空气污染的治理方法

（1）通风

1）自然通风。长久以来，自然通风作为一项传统的建筑排热排污技术，在世界各地的传统民居中得到了广泛的应用。在湿热地区，人们看到的传统民居往往有这样的外表：建筑都有开阔的窗户；采用轻便的墙体和深远的挑檐；具有高高在上的顶棚并且设置有通风口；建筑往往架空，以避开地面的潮气和热气，采集更多的凉风。这些形象的背后，隐藏着劳动人民利用自然通风技术的朴素观念。自然通风是一种具有很大潜力的通风方式，是人类历史上长期赖以调节室内环境的原始手段。自然通风是一种古老、不用耗费机械动力能源的通风方法，在春秋季节不用空调时，是最节能的。它是改善室内空气品质的最基本方法，也是增强室内舒适度的方法之一，更是减低建筑空调负荷的节能措施之一。

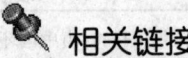

相关链接

自然通风相关知识

一、自然通风的原理

通常意义上的自然通风指的是通过有目的的开口，产生空气流动。这种流动直接受建筑外表面的压力分布和不同开口特点的影响。压力分布是动力，而各开口的特点则决定了流动阻力。就自然通风而言，建筑物内空气运动主要有两个原因：风压以及室内外空气温差引起的热压。这两种因素可以单独起作用，但一般是共同起作用。自然通风是在压差推动下的空气流动。根据压差形成的机理，自然通风可以分为风压作用下的自然通风、热压作用下的自然通风和风压、热压共同作用下的自然通风。

二、风压作用下的自然通风

图2—1表示了风压作用下的自然通风的形成过程。图2—1为某一建筑的平面图，当有风从左边吹向建筑时，建筑的迎风面将受到空气的推动作用形成正压区，推动空气从该侧进入建筑；而建筑的背风面，由于受到空气绕流影响形成负压区，吸引建筑内空气从该侧的出口流出，这样就形成了持续不断的空气流，成为风压作用下的自然通风。

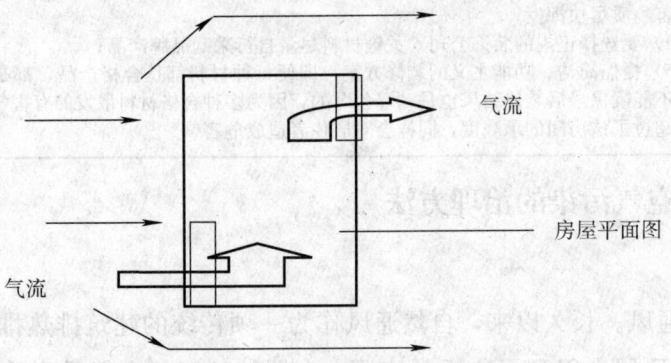

图2—1　风压作用下的自然通风

三、热压作用下的自然通风

图2—2表示了热压作用下的自然通风的形成过程。图2—2为某一建筑的立面图，热压是室内外空气的温度差引起的，即所谓的"烟囱效应"。由于温度差的存在，产生了室内外密度差，沿着建筑物墙面的垂直方向出现压力梯度。如果室内温度高于室外温度，建筑物的上部将会有较高的

压力，而下部存在较低的压力。当这些位置存在开口时，空气通过较低的开口进入，从上部流出。如果室内温度低于室外温度，气流方向相反。热压的大小取决于两个开口处的高度差和室内外的空气密度差。而在实践中，建筑师们多采用烟囱、通风塔、天井中庭等形式，为自然通风的产生提供有利的条件，使得建筑物能够具有良好的通风效果。当室内存在热源时，室内空气将被加热，密度降低，并且向上浮动，造成建筑内上部空气压力比建筑外大，导致室内空气向外流动，同时在建筑下部，不断有空气流入，以填补上部流出的空气所让出的空间，这样形成的持续不断的空气流就是热压作用下的自然通风。

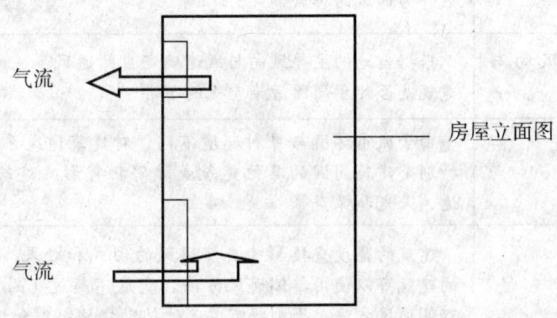

图 2—2 热压作用下的自然通风

具体应用的过程中，往往很难区分究竟是热压形成的自然通风，还是风压形成的自然通风。总的应用原则就是强化热压或（和）风压，提高自然通风的效果。

四、风压和热压共同作用下的自然通风

在实际建筑中的自然通风是风压和热压共同作用的结果，只是各自的作用有强有弱。由于风压受到天气、室外风向、建筑物形状、周围环境等因素的影响，风压与热压共同作用时并不是简单的线性叠加。因此建筑师要充分考虑各种因素，使风压和热压作用相互补充，密切配合，实现建筑物的有效自然通风。

五、自然通风的形式

根据进出口位置，自然通风可以分为单侧的自然通风和双侧的自然通风。图 2—1 就是双侧自然通风系统示意图，而图 2—2 表示的是单侧的自然通风形式。

六、自然通风的使用条件（见表 2—5）

表 2—5　　自然通风的使用条件

自然通风的使用条件	说　明
室内热量的限制	室内、外空气温差越大,通风降温的效果越好。建筑的得热量是其中的一个重要因素,得热量越大,通过降温达到室内舒适要求的可能性越小。完全依靠自然通风降温的建筑,其室内的得热量最好不要超过 40 W/m²
建筑外环境的要求	采用自然通风的建筑,其建筑外的噪声不应该超过 70 dB (A);尤其在窗户开启的时候,应该保证室内周边地带的噪音不超过 55 dB (A)。同时,自然通风进风口的室外空气质量应该满足有关卫生要求
	一般认为,建筑的立面应该离开交通干道 20 m,以避免进风空气的污染或噪声干扰;或者,在设计通风系统时将靠近交通干道的地方作为通风的排风侧
地区的主导风向与风速	根据当地的主导风向与风速确定自然通风系统的设计,特别注意建筑是否处于周围污染空气的下游
周围环境	由于城市环境与乡村环境不同,对建筑通风系统的影响也不同,特别是建筑周围的其他建筑或障碍物将影响建筑周围的风向和风速、采光和噪声等
建筑形状	建筑的宽度直接影响自然通风的形式和效果。宽度不超过 10 m 的建筑可以使用单侧通风方法,宽度不超过 15 m 的建筑可以使用双侧通风方法。否则将需要其他辅助措施,例如烟囱结构或机械通风与自然通风的混合模式等
建筑朝向	为了充分利用风压作用,系统的进风口应该针对建筑周围的主导风向,同时建筑的朝向还涉及减少得热措施的选择
开窗面积	系统进风侧外墙的窗墙比应该兼顾自然采光和日射得热的控制,一般为 30%～50%
建筑结构形式	建筑结构可以是轻型、中型或重型结构。对于中型或重型结构,由于其热惰性比较大,可以结合晚间通风等技术措施改善自然通风系统的运行效果
建筑层高	比较大的层高有助于利用室内热负荷形成的热压,加强自然通风
室内分隔	室内分隔的形式直接影响通风气流的组织和通风量
建筑内竖直通道或风管	可以利用竖直通道产生的烟囱效应有效组织自然通风
室内人员密度和设备、照明得热的影响	对于建筑得热超过 40 W/m² 的建筑,可以根据建筑内热源的种类和分布情况,在适当的区域分别设置自然通风系统和机械制冷系统
工作时间	工作时间将影响其他辅助技术的选择(如晚间通风系统)
室外空气湿度的影响	应用自然通风可以对室内空气进行降温,却不能调节或控制室外空气的湿度,因此,自然通风一般不能在非常潮湿的地区使用

2）有条件开窗通风。在预防甲型 H1N1 流感与手足口病的各种措施中，被人们提及最多的就是开窗通风。的确，如果许多全封闭大楼的外窗能够开启或局部开启，室内环境状况会好得多。窗口不但可以引入新鲜空气、提供排除室内空气的通道，而且给室内居住者提供了亲近自然的心理满足感。但实际上，在现代建筑中，自然通风远不是开窗这么简单。尤其对高层建筑，自然通风也是一把双刃剑。第一，开窗不合理会造成紊流和强烈气旋；第二，在梅雨季节高湿度气候条件下，如果将高湿度空气引入室内，反而会造成新的微生物滋生源；第三，在我国大城市，由于以煤为主的能源结构、汽车尾气未得到彻底治理、大面积的建筑工地以及近年来频繁出现的沙尘暴等原因，室外空气已经被污染，在许多临街建筑中通过开窗和空调新风系统会引入可吸入颗粒物、氮氧化物、一氧化碳和二氧化硫等大气污染物，加剧了室内空气污染。

室内环境也被称为有限环境，其定义为相对密闭的空间环境。人们习惯根据季节用打开窗户的方法引进外面的新鲜空气。也有人比较绝对地认为，只要开窗通风就能解决室内空气净化的问题。开窗通风时的室内环境已不是相对密闭的空间环境了，那么，所有对于相对密闭的有限环境的空气的研究都将显得十分没有意义。事实上，对于现代化的建筑、现代化的工业以及现代化的科学研究，这种相对密闭的有限环境越来越多，有时候甚至不能容忍一点点缝隙。现代人必须接受这样一个事实：那就是人们必须常常生活在隔绝自然通风的人工环境中。此外，各种气候条件与频繁出现的大气污染状况，使人们经常要提醒自己与家里人关窗。表 2—6 在肯定有条件开窗通风的作用的同时，向大家提示了有条件开窗通风的缺陷、方法与注意点。

表 2—6　　　　　　有条件开窗通风的作用、缺陷、方法与注意点

作用	1）稀释室内空气中二氧化碳的浓度。人体会因二氧化碳超标而表现出种种症状，如头晕、头痛、心慌、疲乏、血压升高等； 2）破坏致病因子的生长环境。通过开窗换气，一方面可以把各种致病因子排出室外，另一方面可以有效降低单位空间内的致病因子浓度，减弱致病因子对人体的侵袭力； 3）通过室内外空气的对流，可以引进室外新鲜的空气，稀释室内空气中的有害气体； 4）开窗通风可以使人获得较多的"空气维生素"。密闭的室内只有几十个负离子，甚至由于空调系统或计算机、电视机荧屏的作用，室内空气中的负离子丧失殆尽，有时还会出现正离子浓度增加，室内空气中静电集聚的现象。通过开窗换气，能够把对人体有益的负离子引到屋里来，对人体健康大有裨益
缺陷	1）室外的汽车尾气、附近的建筑粉尘、工厂排放的废气会侵入室内。我国目前大多数中心城市都经常出现大气严重污染的现象，开窗通风会将大气污染物引入室内，必须引起足够重视。在生态、绿化条件好的地区，开窗通风同样要预防自然空间的花粉等微生物侵入室内； 2）对于高速公路、闹市中心、铁路、机场附近的住宅，开窗通风会引入噪声； 3）发生沙尘、雾霾、火山爆发等自然灾害以及附近暴发流行病、传染病时，开窗通风将受到限制；

续表

缺陷	4）使用空调的季节，开窗通风将大量耗费额外的能源； 5）对于高层建筑与一些高档住宅，为了保证建筑的密闭性与节能，开窗受到了极大的限制； 6）通风量不易控制，不能保证室内气候的稳定性、均匀性，受季节和气候因素影响大，无法有效组织气流
方法	1）温差法。在室内外温度相差 20℃ 的情况下，一个 80 m³ 的房间彻底换气需要 9 min；如果室内外温度相差 15℃，则开窗时间需要 11 min。如果温差无法准确掌握，则开窗 30 min 就足够了。以 80 m² 的房间为例，在无风或微风的条件下开窗 20 min 左右就可使致病微生物减少 60%； 2）开窗时间以上午 9—11 点或下午 14—16 点为佳。因为这两个时段内，气温已经升高，沉降在大气底层的有害气体已经散去，开窗换气效果较好。当然，开窗通风时风速不宜过快，以不超过 0.15 m/s 为宜。从感觉来看，在这样的风速下，人体不会感觉空气在明显流动
注意点	1）不要频繁开窗，这样会使室温降低，老人和孩子容易生病； 2）如果居室内有重病患者、产妇、婴儿等，则需慎重开窗，尽量使用空气净化和动态消毒设备来净化空气； 3）发生沙尘、雾霾、火山爆发等自然灾害以及附近暴发流行病、传染病时，慎重选择开窗时机； 4）清晨 6 点左右，不宜开窗。因为此时大气中的微尘、有害气体等都被大气压力压到接近地面的地方，很难向高空散去，只有当太阳升起、温度升高后有害气体才会慢慢散去。天黑前后，随着气温的降低，灰尘及各种有害气体又开始向地面沉积，也不适宜开窗换气； 5）装饰装修引起的化学污染不仅持续时间长，而且危害大，特别对儿童、老人、病人等弱势群体，开窗通风不能解决根本的问题，必须进行科学而有效的治理

3）机械通风。自然通风虽然简易可行，但受到许多方面的限制。室内环境领域研究、推荐的通风概念不是单指开窗通风。专家认为，机械通风是解决住宅室内通风的最佳方法。

机械通风是指利用通风机产生的动力进行换气的方式。

①机械通风的模式。机械通风的模式有三种：机械进风机械排风、自然进风机械排风和机械进风自然排风。表 2—7 为机械通风的三种模式各自适合的场合。

表 2—7　　机械通风的三种模式适合的场合

机械通风模式	室内压力	适合场合
机械进风机械排风	可以调节正、负压	负压病房、实验室、银行金库、博物馆等； 餐厅厨房、娱乐场所； 体育馆、超市、商场等建筑； 工厂车间
自然进风机械排风	负压	住宅卫生间、厨房
机械进风自然排风	正压	居室、客厅、办公室

②机械通风的通风换气量和换气次数。通风换气量是机械通风设计的重要数据。通风换气量是指为了使房间内的空气环境满足生产和生活的需要，符合规范规定的卫生标准，用于稀释通风房间的有害物浓度或排除房间内的余热、余湿所需的气量。通风换气量一般根据换气次数与室内空间的容积来决定。

换气次数 n 是指每小时房间内的空气循环通风多少次,单位为次/h。循环风量也即换气风量 Q 为房间的容积 V(房间的面积×层高)×换气次数 n,即 $Q = V \cdot n$,单位为 m^3/h。

在电子工厂、药厂、食品厂等有洁净度要求的场合,换气次数与洁净度的要求密切相关,换气次数越多,洁净度越高。表2—8为换气次数与洁净度的关系。

表2—8　　　　　　　　　　换气次数与洁净度的关系

洁净度	换气次数
10万级	≥14次/h
1万级	≥25次/h
1000级	≥40次/h
100级	≥300次/h

③机械通风的优化措施。表2—9列出了以住宅为例的机械通风设计原则和优化措施。

表2—9　　　　　　　　　　机械通风设计原则和优化措施

优化措施	设计原则
减少排风量	清洁空气必须先经过人的呼吸区
进风系统在冬季应采用较高的送风温度	污染空气必须及时排出
空气再循环使用	气流分布均匀
采用既有送风又有排风的局部通风装置	室外进风口的布置选择空气洁净的地方,进风口应低于排风口,并设置在排风口上风处
设置热回收装置	通风路径:使室外新鲜空气首先进入起居室、卧室等人员主要活动、休息场所,然后从厨房、卫生间排出到室外
	通风量:既要保证厨房、卫生间使用时的通风量,又要满足人们日常生活需要的新风量
	除了保证厨房、卫生间使用时的通风,还要保持全天24 h有组织地、定量地连续通风

通过对国内住宅各种通风方式的研究可知,住宅采用自然通风并不是改善室内空气品质的有效手段。自然通风会受到地域气候、住宅结构等多重因素的影响,通风气流组织无法有效控制,即使开窗也无法使住宅各房间获得稳定、均匀的有效通风量,各住宅的通风换气水平很不平均。

真正能够改善室内空气品质还需要采用机械通风的有组织通风方式。住宅机械通风有很多种,但经研究发现,采用自然进风机械排风独立机械通风方式更符合我国国情,而且便于推广使用,该通风方式可以有组织地对住宅进行送风、排风，使得各房间获得稳定、有效的通风换气量。

4）通风系统的分类

①按通风系统的特征不同，通风系统可分为送风和排风。送风就是向房间内送入新鲜空气，排风就是将房间内的污浊空气经过处理，符合排放标准后排出到室外。

②按通风系统的作用范围不同，通风系统可分为全面通风和局部通风。

全面通风也称稀释通风，它主要是对整个室内空间进行全面通风换气，稀释房间空气中的污染物，将经过适当处理的新鲜空气送入室内，并不断把污浊空气排出到室外，使室内空气中的温度、湿度、有害物浓度符合卫生标准的要求。全面通风分为全面送风和全面排风两种，可以是自然通风，也可以是机械通风。全面通风的特点是作用范围广、风量大、投资和运行费用高，当采用局部通风方式难以保证卫生标准时采用。

局部通风可分为局部排风和局部送风。局部排风是将有害物就地捕捉、净化后排放至室外，而局部送风则是将经过处理的、符合要求的空气送到局部工作地点，以保证局部区域的空气条件。局部通风的特点是控制有害物效果好、风量小、投资小、运行费用低。

在实际工程中，从技术经济角度出发，应优先考虑采用自然通风，当其不能满足需要时采用机械通风；优先考虑采用局部通风，当其不能满足需要时采用全面通风。

在实际工程中，单独采用一种通风方式往往是达不到需要的效果的，通常是联合使用多种通风方法。

(2) 空气净化

室内环境污染物的去除与空气品质的提高，都离不开净化手段。实践也证明，在采取各种通风方法来提高室内空气品质时，如果没有有效的净化措施，难以达到先进的室内空气质量标准。特别是在大气污染严重的区域与时段，空气净化装置成为与通风装置协同工作的不可或缺的部分。

什么是空气净化呢？洁净、卫生、清新的空气是空气净化技术研究的对象。空气净化的基本理论和空气净化技术的应用是空气净化技术所要研究的内容。

空气净化包括两个方面，一方面是以人体健康为中心的空气净化，另一方面是以工业生产为目的的空气净化。

室内空气品质已成为大众关注的问题。由于化学合成建筑材料、胶黏剂、办公或生活用的家用电器广泛使用，散发至室内的各种有机挥发物日益增多，加上

第2章 治理施工

人员携带并散发到室内的细菌、尘埃和吸烟等所引起的空气污染,已经证实在较封闭的空调大楼内,可能引发室内人员多种不适症状的产生以及传染疾病的蔓延,其表现为感冒、过敏、风湿痛、黏膜干燥、紧张、烦躁、注意力难以集中、头疼等。

以工业生产为目的的空气净化,主要是满足产品及物品质量管理的要求。早在20世纪60年代初,我国电子工业在洁净技术方面已经取得了一定的成绩。现代科学与工业生产技术的发展,如电子、航天、医药、精密机械、化工等行业,尤其是半导体集成电路的迅速发展,对空气洁净技术提出了更高的要求,以保证生产过程和产品质量的高精度、高纯度及高成品率。现代生物医学的发展,提出了空气中细菌数量的控制要求,以保证医药、制剂、医疗环境及食品等不受感染和污染,对保证人体健康具有重要意义。如果在药品生产过程中生产环境达不到所需的洁净度,药品可能被微生物或杂质所污染,而发生产品不合格的情况。为保证生产环境达到工艺所要求的洁净度,包括空调送风系统、建筑装修和维护管理等在内的各相关方面都要采取各种相应的综合措施,才能保证空气净化技术发挥作用。

两种不同目的的空气净化,虽然要求各不相同,但净化技术的原理有共同性。特别是近年来,人们对室内空气品质的要求越来越高,有关的空气质量标准也越来越严格。许多室内场合的空气净化借鉴或引用了工业净化及工业洁净的技术,取得了满意的效果。

空气净化的第一目标是要去除空气中的污染物质。一般而言,空气净化包含了两大范围,一个以大气污染为对象,另一个以室内空气污染为对象。这两者在污染浓度的处理上有很大的差异,净化的目标及衡量的标准也各不相同。

表2—10列举了室内空气净化常用方法的原理、指标与优缺点。

表2—10　　　　室内空气净化常用方法的原理、指标与优缺点

名称	原理	优点	缺点	说明
纤维过滤	采用织物或滤纸作为滤料的表面式空气过滤器,及采用填充料作为滤料的内部式过滤器,统称为空气过滤器。滤尘机理包括筛分、惯性碰撞、拦截、扩散、静电及重力作用等。筛分是空气过滤器的主要滤尘机理	对小至0.1 μm的颗粒物有很高的去除效率	阻力损失大;容尘量小,更换成本高;对气体污染物无效;受湿度与温度的影响	阻力大,动力能耗高,有时引起噪声问题,在室内应用受到了极大的限制
静电除尘	将含有尘粒的气体通过高压静电场,由于电晕作用使气体电离,并使尘粒荷电后趋向收尘极的表面而放电沉积	对小至0.01 μm的颗粒物有很高的去除效率,同时有除菌消毒功能;	可能有二次扬尘,不能用于洁净场合的末端;	低阻低能耗,在室内应用具有显著的优越性

续表

名称	原理	优点	缺点	说明
静电除尘		阻力很小，容尘量很大，要定期清洗，没有耗材	对气体污染物无效；一次投资较大；不能用于易爆易燃场合；需要抑制电晕放电产生的过量臭氧	
吸附	用多孔的吸附剂将空气中污染气体积聚或浓缩在微孔的表面，达到分离污染物的目的，分物理吸附与化学吸附两种	有效净化各种气体污染物；阻力较纤维过滤低，较静电除尘高	受饱和容量的限制，需要定期更换，更换的成本高；气流中的湿度、颗粒物会影响吸附效率	弥补纤维过滤与静电除尘的不足，制成的化学过滤器可以用于各种场合，去除各种气体污染物
吸收	选定不同的吸收剂，溶解空气中的污染物或与其发生化学反应，达到将污染物从空气中分离出来的目的，分物理吸收与化学吸收两种	同时具有除尘、除菌、除有害气体的作用；阻力、能耗、吸收剂的消耗、废水处理、一次投资等经济指标居中，综合指标居上	需要处理废水	用户可以自己承担维护工作

上述的净化方法也称为经典的、传统的净化方法，在几十年甚至上百年的工业应用中得到了验证。将上述技术，特别是小型化的技术用于室内空气净化，不仅十分可靠，而且可以取得满意的效果。近10年来，虽然在商业上不断有采用新的空气净化概念的技术与产品推出，但在实际应用中，其净化指标和经济、低碳等综合指标还未能超越上述经典的净化技术。室内环境净化技术是在工业环境净化技术的基础上发展起来的，表2—11列举了室内环境领域近年来比较活跃的空气净化新技术的原理、作用及其说明，其中所列的空气净化技术有的在工业领域试验过，有的正在试验，但至今都没有达到推广应用阶段。希望借用工业空气净化的成熟技术，也希望在室内环境保护中研发新的空气净化技术并应用到工业领域中去。

表2—11 光催化、等离子、负离子、双离子、生物法等技术的原理、作用与说明

	原理	作用	说明
光催化	在特定波长光源（如紫外线）作用下，在常温下参与催化反应	光源的能量激发光催化剂周围的分子产生活性极强的自由基。这些氧化能力极强的自由基可以分解绝大部分有机物质	光催化剂本身没有从气体中分离污染物的作用，光化学反应受时间的限制，很难高效分离气流中的污染物；

续表

	原理	作用	说明
光催化		与部分无机物质，形成对人体无害的 CO_2 与 H_2O。自由基还能破坏细菌的细胞膜，使细胞质流失，进而氧化细胞核，杀死细菌	受空气中颗粒物的影响较大； 光源的能耗及其寿命不容忽视； 有害中间产物需要识别和控制
等离子	采用电子辐射或高能放电，可以使空气中的正负离子及大量自由电子处于激发状态，从而获得巨大的能量，等离子体就是这种高能量激发状态离子群的统称。高能离子与周围的气体相碰撞，将气体分子激活，产生多种自由基。这些活性自由基能对有害气体产生催化氧化、分解等化学反应	与二氧化硫、二氧化氮以及碳氢化合物能迅速发生化学反应；能迅速去除细菌等微生物及其繁殖体	试验已经证明：等离子用于普通的除尘与除菌，其综合指标并没有超越高效过滤与静电除尘。到目前为止，等离子去除有害气体的综合性能尚没有超越吸附和吸收技术； 伴有其他副产物的产生，会引起二次污染，需要有其他的后续处理技术，并解决能耗大等问题
负离子	处于电中性的气体分子由于受到外力的作用，失去或得到电子，失去电子的为正离子，得到电子的为负离子。负离子可以采用人工的方法，通过电晕放电获得	负离子有益于人体健康，能作用于大脑皮层，振奋精神，消除疲劳，改善睡眠，对人体的心血管系统、呼吸系统、代谢系统等均有一定的益处，被誉为空气维生素； 有凝聚、沉降空气中尘埃粒子的作用	实践证明，负离子对空气中的细菌、可吸入颗粒物净化的能力是十分有限的。负离子并不能使空气品质达到卫生标准，相反，在污染的空气中释放负离子，会形成重离子污染
双离子	采用交流电装置，根据正弦波频率交互产生正、负电极电离空气作用，并交互地将正负离子向空气中释放	正负离子吸附在空气中的浮游细菌表面，中和时会有一个能量释放的过程，这种能量足以使细菌趋于死亡	双离子与负离子一样，也有轻重之分。在污染的空气中释放双离子，也会形成重离子，对人体不但无益，而且有害。此外，从专业净化的角度来看，双离子净化空气的效果也是十分有限的，其杀菌的功能离专业消毒的要求也相差甚远
生物法	将一些天然植物提取液体雾化，让雾化后的分子均匀地分散在空气中，吸附空气中的异味分子，与异味分子发生各种反应，促使异味分子改变原有的分子结构	"气雾"是指在空气中含有的直径小于亚微米级的气溶胶。这样的气溶胶在干燥的室内环境中能增加空气中的湿度，在湿度适宜时，不会让人有潮湿的感受，但能长期悬浮在空气中，起到净化空气的作用； 空气净化器将生物制剂在空中喷雾散布，在大空间中发挥效用。极细的气溶胶雾状颗粒从物体表面掠过，还可达到充分净化的目的	生物法具有工艺结构简单、价格便宜、操作费用低等优点，处理以后不产生副产物，对空气中的甲醛等易降解的有机化合物效果更好，是一种非常有前途的净化方法

(3) 消毒

1) 消毒与消毒合格的定义。杀灭或清除传播媒介上的病原微生物，使其无害化的处理过程叫消毒。杀灭或清除空气中病原微生物的过程叫空气消毒。消毒后空气中的微生物含量应等于或少于国家规定的标准。若能使人工污染的微生物减少99.9%或自然微生物减少90%，则为消毒合格。

2) 常见的公共场所空气消毒方法（见表2—12）。

表2—12　　　　　　　　常见的公共场所空气消毒方法

空气消毒方法	说　明
安装中央空调通风系统空气消毒装置	这是机械全面通风的高级形式，它利用风机、制冷、制热、除湿、净化等综合手段，调节室内的温度、湿度、清洁度、新鲜度与气流速度，可以使空调系统与室内空气中的微生物浓度降至安全限值以下
喷雾法	气溶胶喷雾法的原理是利用机械或化学气雾剂将能够净化空气或消毒的药剂形成气溶胶喷洒在空气中，依靠悬浮在空气中的气溶胶对空气进行净化或消毒。 目前常用的机械式喷雾器为电动气溶胶喷雾设备，该机采用气流雾化原理将药液以高速和极微细的雾状颗粒喷出，流量可达300 mL/min，喷射距离最远可达8 m，由于药液雾状颗粒直径一般在30 μm以下（俗称气溶胶状），可在空气中形成密实的网状并悬浮在空气中一段时间，达到空气净化或消毒的绝佳效果。该机操作简便，便于携带及更换药液，并且可方便地对物体及织物表面进行多种角度的喷射消毒，极细的气溶胶雾状颗粒从物体表面掠过即可达到充分杀菌的目的。 公共场所采用喷雾法进行空气消毒时的药剂有过氧乙酸或过氧化氢。过氧乙酸常用浓度为0.2%～0.5%，用量为8 mL/m^3，喷雾后空间需密闭30 min。过氧化氢常用浓度为3%，用量为30 mL/m^3，喷雾后空间需密闭60 min。 在喷雾法消毒过程中，非操作人员应全部离开现场。操作人员应做好个人防护，喷雾作业结束后立即离开现场。 有人采用酸性离子水进行喷雾消毒，达到了很好的效果。用水和少量的盐为原料，经过微电解与分离膜的作用，可以制成pH为2.7，电极电位（ORP）为1050 mV的酸性离子水。这种消毒水能起到强消毒剂的作用，但没有常用化学消毒剂的毒性，被称为是一种环保型的消毒液。在采用酸性离子水进行喷雾消毒时，非操作人员也应全部离开现场。操作人员也应做好个人防护，因为喷雾时形成的气溶胶会影响人的健康
熏蒸法	熏蒸法消毒使用的药剂为化学消毒液，使用时将该药剂稀释后分装在容器内，置于封闭的空间里点火熏蒸。药剂挥发后，渗透到室内的每一个角落，杀灭细菌。例如：用3%的过氧乙酸，以30 mL/m^{3}的用量在密闭的室内进行熏蒸，作用60 min即可达到消毒要求。 过氧乙酸有一定的漂白与腐蚀作用，所以熏蒸时应注意室内物品与电器的安全。熏蒸时，人不能在场。熏蒸后，开门开窗，待空气中的过氧乙酸散尽后，方可进入现场
紫外线灯消毒	1) 固定式紫外线灯照射消毒。将紫外线灯固定安装在天花板或墙上，在静态情况下对室内空气进行照射消毒。紫外线灯按1.5 W/m^{3}配置，安装高度约距离地面2.5 m，照射时间需要60～120 min，有很好的消毒效果。例如，对于14 m^{2}的房间，采用1支30 W紫外线灯，在19～20℃和相对湿度48%～59%条件下照射30 min，可使空气中细菌浓度降为500 cfu/m^{3}以下。但是，即使照射2 h，也不能使细菌数降为200 cfu/m^{3}以下。

续表

空气消毒方法	说明
紫外线灯消毒	固定式紫外线灯照射消毒时，紫外线照射对人的眼睛、皮肤有一定伤害，使用时眼睛不能直视，也不能直接照射人的皮肤，因此必须在室内无人的情况下进行。 2）移动式紫外线灯照射消毒和紫外线循环风消毒。将紫外线灯装在箱体内，利用风机使空气流过箱体，紫外线灯对流过箱体的空气进行近距离的照射，达到消毒的目的。例如：用4支30 W的紫外线灯装于直径为30 cm的金属圆筒内，当风机流量为28 m³/min时，循环3次即可达到室内空气消毒的效果。 移动式紫外线灯照射消毒可以在有人的情况下进行。国内开发的紫外线循环风消毒器，一般还配以中效过滤器，加强消毒的作用
臭氧发生器	臭氧对室内空气微生物有较好的消毒作用，还可去除气味，方法又简便。在相对湿度≥70%条件下，臭氧浓度4～6 mg/m³，工作时间60 min，可以达到消毒要求。 臭氧对金属有腐蚀作用，对橡胶、塑料有加速老化作用，对人有一定毒性，消毒时人必须离开房间，消毒后待房间内闻不到臭氧气味时才可进入房间
静电吸附净化消毒器	一种与空调配合使用的独立的空气净化消毒装置，有柜式、壁挂式、天花板式等多种形式。一台1 600 m³/h风量的静电吸附净化消毒器在200 m³空间的室内开启60 min，可以达到消毒要求。这种消毒器本身无毒无害，可以在有人情况下连续使用，还兼有除尘、除有害气体的作用，能选择性地释放负离子，是一种多功能的环保型空气消毒设备

(4) 压差控制

在用通风的方法控制室内空气品质时，压差控制显得十分重要。

室内空气正压，即室内空气的压力大于室外、走廊与相邻的房间。室内空气负压则反之。室内空气是正压还是负压，关系到室内洁净度、新鲜度等基本空气品质要素。室内空气正、负压对于医院各科室还有着特殊的作用。洁净手术室、ICU、产房等是高危易感科室，需要严格控制细菌总数，室内应达到一定的正压值，以防止户外、走廊和其他房间的不洁空气侵入。传染病科室的室内要形成负压，以防止传染病室的病菌扩散到其他病区。

可用下面的方法检查室内的空气是正压还是负压：关紧所有的门窗，将某一门或窗打开一条缝，悬挂一张细纸条，如纸条向外飘，说明室内是正压，反之则为负压。

向室内送风就能形成正压。加大送风量，正压增加；减少送风量，正压减少。若室内正压不够或形成负压，则应检查房间有否泄漏或检查送风量是否足够。

设置排风系统就能使房间形成负压。如房间内同时设置有送、排风系统、则调节送、排风量，可以调节室内的正压或负压以及调节正压、负压的大小。

正压或负压与系统的送、排风量大小有关，与建筑结构有关。

由于通风房间不是非常严密的，当其压力处于正压或负压状态时，室内的部分空气会通过房间不严密的缝隙或窗户、门洞等排出或进入室内，这种通风形式称为无组织进风。在工程设计中,根据通风房间的工艺要求和特性,可以通过控制送、排风量来保证房间的压力要求,如通过使机械送风量略大于机械排风量、让一部分机械送风量从门窗缝隙自然渗出的方法,使洁净度要求较高的房间保持正压,以防止污染空气进入室内;或通过使机械送风量略小于机械排风量、让一部分室外空气从门窗缝隙自然渗入室内补充多余排风量的方法,使污染程度较严重的房间保持负压,以防止污染空气向邻室扩散。但是处于负压的房间,负压不应过大,否则随着负压增大会导致以下不良后果:室内人员有吹风感;自然通风能力下降;轴流式排气扇排风能力下降;热平衡破坏;排风系统能力下降。

由于室内空气的通风是十分必要的,因此室内的风速成为表征室内空气品质的要素之一。

在一般的情况下,只要达到空气的换气次数与新风风量,室内的风速不宜太大。另外,空气流速太小,不利于空气中温度、湿度的传播,也不利于污染物质的扩散。

三星级以上宾馆的室内风速规定为 $0.1 \sim 0.3$ m/s。室内空气质量标准规定室内风速 $\leqslant 0.3$ m/s(夏季空调),或 $\leqslant 0.2$ m/s(冬季采暖)。洁净手术室规定空气流速为 $0.25 \sim 0.3$ m/s。

(5) 室内植物净化

室内绿化,狭义上说就是将植物以盆栽的形式布置在室内,比如盆栽、盆景、插花等,作为室内的陈设艺术;广义上说就是将植物、山、水等自然景观引入室内,美化室内环境,给人们以美的感受。室内绿化不仅有小中见大的效果,还兼有净化室内空气、改善室内空气质量的功能。

人们用来点缀美化室内环境的绿色植物是净化室内空气的一种有效途径。在美国宇航局工作的一位科学家发现绿色植物对居室和办公室的污染空气具有很好的净化作用。他用了几年时间,测试了几十种不同的绿色植物对几十种化学复合物的吸收能力,并把重点移到可在任何苗圃都能买到的观赏植物上,结果发现各种绿色植物都能有效地减少空气中的化学物质并将它们转化为自己的养料,其量之大令人吃惊。从他公布的一份抗污染的绿色植物清单来看:在 24 h 照明的条件下,芦荟吸收了 1 m^3 空气中所含的 90%的甲醛;90%的苯在常青藤中消失;龙舌兰可吞食 70%的苯、50%的甲醛和 24%的三氯乙烯;垂挂兰能吞食 96%的一氧化碳和 86%的甲醛。绿色植物的光合作用已成为常识,但对于植物吸入其他物质作为养料而且某种植物偏爱某种化合物的现象,人们确实还未弄清楚其中的奥秘。威廉做了大量的试验,证实绿色植物吸入化学物质的能力大部分来自于盆栽土壤中的微生物，而不主要是叶子。与植物同时生长于土壤里的微生物在经历了代代遗传繁殖后，其吸收化学物质的能力还会增加。目前，许多国家的环保部门已广泛地宣传绿色植物这种有益于人类健康的特征，告知人们绿色植物是普通家庭均能承受的居室空气净化器。

表2—13为具有净化功能的植物，表2—14为室内不宜摆放的植物。

表 2—13　　　　　　　　具有净化功能的植物

名称	说明	图片
吊兰	能在微弱的光线下进行光合作用，吸收一氧化碳、甲醛、苯等有害物质。另外，新的研究表明，吊兰还有吸收烟中尼古丁的作用。 可以盆栽或悬吊在房间的窗台、阳台上美化居室，也可放在卧室、客厅、书房起净化空气的作用。它可以放置在光线不佳处，具有别的植物所少有的优点	
菊花	能抵御和吸收家用电器、塑料制品散发在空气中的乙烯、汞、铅等有害物质，而且对二氧化硫、氯化氢、氟化氢等有很强的抗性。 可盆栽、地栽，种植于庭院、阳台和野外空旷之地。盆栽开花时入室，兼可赏菊和净化室内空气	
木槿	对二氧化硫、氯气、氯化氢、氟化氢等有害气体具有净化作用，是抗污染性很强的一种花灌木。 木槿可栽种在室外或庭院内，花期5个月，既能观赏又能保护环境	
紫薇	对二氧化硫、氯化氢、氯气、氟化氢等有毒气体抗性较强。1 kg干叶能吸收10 g左右有毒气体。每平方米叶面能吸收灰尘4.5 g左右，是一种良好的环保绿色植物。 适宜种植在庭院的阳光处，尤其适宜种植在工厂、小区、学校、医院等处的绿化地带。紫薇是夏天的观赏树，家庭可以用它来制作盆景，进行观赏和保护小环境	

续表

芦荟	可净化空气中的甲醛、二氧化碳、二氧化硫、一氧化碳等有害有毒气体,尤其对甲醛吸收特别强。在 4 h 照明条件下,一盆芦荟可消除 1 m^3 空气中 90%的甲醛。它还能杀灭空气中的有害微生物,而且还能吸附灰尘,对净化居室环境有很大的作用。 可盆栽,放置在光线明亮但没有直射强烈阳光之处,以室内放置为主	
月季	它能吸收硫化氢、氟化氢、苯、乙苯酚、乙醚等气体;对二氧化硫、二氧化氮也有相当的抵抗能力,有很好的净化空气的功能。 月季适宜庭院栽种,因它花期长,花色多,可点缀庭园景色。盆栽可放在晒台、屋顶花园、客厅等处。能攀爬的月季还是垂直绿化的好材料	
海棠	对二氧化硫有较强的抗性和吸收作用。 一般要种植在阳光充足之处,作园林观赏用。若作盆栽或盆景可放在庭院、晒台等处赏玩	
米兰	能吸收大气中的二氧化硫和氯气。放置于含氯气的空气中 5 h,1 kg 叶就能吸收 0.0 048 g 氯。同时它的花卉能散发出具有杀菌作用的挥发油,对于净化空气、促进人体健康有很好的作用。 米兰可以盆栽,它枝叶繁茂,花金黄色,散发兰花般的香味,一般放在阳台、客厅、卧室	

续表

仙人掌	肉质上的气孔在白天关闭，夜间打开，在夜间会吸收二氧化碳，释放氧气，有清新空气的功能。它还能减少电磁辐射带来的伤害，对空气中的细菌也有良好的抑制作用。 以盆栽摆放在阳台、庭院为多见，开花时可移入屋内欣赏，也可因地制宜选择不同品种放在窗台、书桌或电脑桌旁	
发财树 （又称马拉巴栗）	是联合国推荐的国际环保树种之一，能有效地净化周围空气，尤其对一氧化碳和二氧化碳有强烈的净化作用。 室内盆栽布置于客厅、走道内，富有热带情趣	
含笑	对空气中的氯气有很强的抵抗作用，它开花时放出的挥发物能杀死空气中的肺结核菌及肺炎球菌，是一种净化空气、保护人体健康的良好花卉。 地栽于庭院、街头绿化小区、公园内。盆栽可放置在有较好光照的晒台、屋顶花园等处。开花时放在室内，可净化空气	
虎尾兰	有很强的吸收有毒物质甲醛的功能。约15 m^2 的房间内，放置两盆中型虎尾兰，就能有效地吸收甲醛所释放的毒害。 以盆栽为主，宜放在光线明亮、通风的室内，如会客厅、卧室、书房、计算机房，以净化空气	

表2—14　　　　　　　　　室内不宜摆放的植物

名称	危害
报春花	叶片的毛会造成有些人的皮肤过敏
虎刺梅	刺碰到皮肤上使人感到发痒
夜来香	在晚上会散发出大量刺激嗅觉的微粒，闻之过久会使高血压和心脏病患者感到头晕目眩、郁闷不适，甚至病情加重
松柏类花木	芳香气味对人体的肠胃有刺激作用，不仅可使人感到厌恶和恶心而影响食欲，而且会使孕妇感到心烦意乱、头晕目眩
夹竹桃	分泌出一种乳白色液体，长时间接触会使人中毒，其花香容易引起昏睡、影响少儿智力发育等症状
郁金香	花有毒碱，过多接触易引起毛发脱落
兰花	香气会令人过度兴奋而引起失眠，不宜放在卧室内
紫荆花	散发出来的花粉如与人接触过久，会使人的中枢神经过度兴奋而引起失眠
含羞草	体内的含羞草碱是一种毒性很强的有机物，人体过多接触后会使毛发脱落
百合花	散发出来的香味如闻之过久，会使人的中枢神经过度兴奋而引起失眠
洋绣球花	散发的微粒会使人的皮肤过敏而引发瘙痒症
黄花杜鹃	花朵含有一种毒素，一旦误食，轻者会引起中毒，重者会引起休克，严重危害身体健康

 相关链接

利用室内环境净化的基本方法防控甲型 H1N1 流感

一、室内环境的通风

1. 开窗通风

开窗通风是改善室内环境质量的常用方法。

2. 疑似病人或确诊病人的隔离室通风

隔离室、发热门诊和感染性疾病科等重点部门，严禁开窗通风与使用未安装空气净化消毒装置的中央通风系统，以防病菌通过空气扩散，传播疾病。隔离室、发热门诊和感染性疾病科等重点部门应当采取负压通风，排风应进行严格的消毒，排风中的致病菌应不能检出。

3. 居家医学观察人员的居室对环境有着特殊要求

可以在医疗部门的指导下合理进行通风，推荐采用装有空气净化消毒装置的新风系统和中央空调通风系统，空气净化消毒装置应当经过卫生学评价，其主要指标为出风口的细菌总数应≤500 cfu/m³，真菌总数应≤500 cfu/m³，β-溶血性链球菌等致病微生物不得检出。

二、室内环境净化与消毒的方法

1. 健康人群的家庭和办公室

对于健康人群，室内环境一般不需要消毒，但要控制室内各项污染物浓度，主要控制可吸入颗粒物、甲醛、苯、甲苯、二甲苯、TVOC等污染物浓度，使室内空气质量达到国家制定的《室内环境质量标准》（GB/T 18883—2002）。对于健康人群，推荐有条件通风与使用空气净化器的方法，保证室内空气全面、恒定地达到室内空气质量标准。

2. 弱势人群的家庭和办公室

弱势人群主要包括高危人群、易感人群和亚健康人群。

（1）高危人群。高危人群是指感染甲型H1N1流感病毒后易发生严重并发症甚至死亡的人群，包括：5岁以下儿童（2岁以下者更易发生严重并发症）；65岁及以上老年人；妊娠妇女；慢性呼吸系统疾病或心血管（高血压除外）、血液、神经、神经肌肉系统、肾、肝、代谢、内分泌疾病者；免疫功能抑制者（包括应用免疫抑制剂或HIV感染等致免疫功能低下者）；19岁以下长期服用阿司匹林者；集体生活于养老院或其他慢性病疗养机构的人员。

（2）易感人群。易感人群是指医院的医护人员、厨师、美容师、出租车司机以及某些职业场所的人员。

（3）亚健康人群。亚健康人群是指由于工作紧张、压力大、连续劳累等原因，出现短时疲劳、免疫能力低下等症状的人员。

弱势人群的室内环境应达到室内环境卫生标准，其主要污染物细菌总数应≤500 cfu/m³。

3. 医院的隔离室

医院的隔离室等重点部门应当按照医院消毒规范对室内环境进行严格的消毒，达到《医院消毒卫生标准》（GB 15982—1995）。经过消毒后，室内空气中的细菌总数应≤200 cfu/m³，物体表面细菌总数应≤5 cfu/cm²，医护人员手上细菌总数应≤5 cfu/cm²。

推荐采用物理消毒与空气净化的方法，有效解决室内环境与空调通风系统的污染问题。推荐采用符合卫生部消毒技术规范的静电吸附式空气净化消毒器、紫外线循环风以及其他具有卫生部消毒药械批文的动态空气消毒器。

4. 室内空气净化设备与药剂

所有的室内空气净化设备与药剂必须具备省级以上的有CMA资质的空气净化器检测机构出具的检测报告书。对于细菌指标的检测，必须有国家检测中心和省级以上的疾病预防控制中心出具的检验合格报告。消毒设备和药剂必须具备卫生部消毒药剂与消毒器械卫生许可批件，符合我国《消毒管理办法》。

三、空调器的净化与消毒方法

1. 空调器的过滤装置、换热系统与中央空调风管系统的积层会成为细菌等微生物大量繁殖的温床，应当定期对空调的上述部件与系统进行清洗。

2. 对于民用壁挂式、柜式与天花板式分体式空调，一般市民可以自行清洗过滤网与换热器的翅片，也可以委托专业服务机构进行规范的清洗。

3. 公共场所集中空调通风系统应当按照卫生部的要求进行定期清洗，公共场所集中空调通风系统的清洗必须委托具有资质的专业清洗机构进行。

4. 建议公共场所集中空调安装空气净化消毒装置。空气净化消毒装置产品应当具有国家检测中心和省、市级以上的疾病预防控制中心出具的检测合格报告，其主要的技术指标与出风口的空气质量应达到有关的卫生要求。

5. 弱势人群生活、工作与活动的室内，在使用空调的时候，应注意经常保持密闭。有条件的应当配备空气净化器，使室内空气中细菌总数的含量$\leqslant 500 \ cfu/m^3$。

6. 在有可能存在传染病菌传播危险或其他生物突发污染的情况下，未装空气净化消毒装置或装有空气净化消毒装置但未经卫生学评价的中央空调系统应当停用，直至危险消除或紧急安装空气净化消毒装置并经过卫生学评价。

7. 医院疑似病人或确诊病人的隔离室以及发热门诊和感染性疾病科等重点部门应当使用医用空调系统，而不能使用普通的民用空调。

四、防止卫生间和厨房管道污染的方法

房间卫生间和厨房通风道、设备管道和下水道也是疾病病毒传播的渠道。特别是房间的地面地漏、洗衣机地漏、浴室地漏、洗手盆下排水口、墩布池排水口等向外排水的通道，是污染室内环境的细菌病毒和臭气、蟑螂、蝇、蝶的侵入口。

1. 注意检查厨房排烟道是否存在串烟、堵塞或者安装不合理的情况。

2. 注意下水道是否返味，返水弯是否安装合理。

3. 经常检查室内卫生间和厨房的地漏水封是否缺水，特别是在夏季和冬季气候干燥的季节，及时进行补水。

4. 在密闭性好的房间使用厨房油烟机时要开启门窗，进行空气对流，防止形成空气负压，造成室内生物污染和臭气污染，建议再安装一个排风扇。

五、利用植物进行室内环境杀菌消毒的方法

一些植物具有杀菌消毒的作用，在室内和家庭庭院进行养植，可以起到净化空气的作用。使用这种方法时要注意四条原则：

1. 根据室内环境污染有针对性地选择植物

有的植物对某种有害物质的净化吸附效果比较好，如果在室内有针对性地选择和养殖，可以起到明显的效果。例如玫瑰、桂花、紫罗兰、茉莉、柠檬、蔷薇、石竹、铃兰等芳香花卉产生的挥发性油类具有显著的抑菌和杀菌作用；蔷薇、石竹、铃兰、紫罗兰、玫瑰、桂花等植物散发的香味对结核杆菌、肺炎球菌、葡萄球菌的生长繁殖具有明显的抑制作用。

2. 根据房间的不同功能选择和摆放植物

夜间植物呼吸作用旺盛，放出二氧化碳，所以卧室内摆放过多植物不利于夜间睡眠。卫生间、书房、客厅、厨房等处因装修材料不同污染物质也不同，可以选择具有不同净化功能的植物。

3. 根据房间面积大小选择和摆放植物

植物净化室内环境的效率与植物的叶面表面积有直接关系，所以植株的高低、冠径的大小、绿量的大小都会影响净化效果。一般情况下，$10 m^2$左右的房间，放两盆1.5 m高的植物比较合适。

4. 利用花卉植物净化室内环境的禁忌

(1) 忌香。一些花草香味过于浓烈，会让人难受，甚至产生不良反应，如夜来香、郁金香、五色梅等。

(2) 忌敏。一些花卉会让人产生过敏反应，如月季、玉丁香、五色梅、洋绣球、天竺葵、紫荆花等，人碰触抚摸它们往往会引起皮肤过敏，甚至出现红疹，奇痒难忍。

(3) 忌毒。有的观赏花草带有毒性，摆放应注意，如含羞草、一品红、夹竹桃、黄花杜鹃和状元红等。

(4) 忌伤害。例如仙人掌类的植物有尖刺，有儿童的家庭不宜摆放。另外为了安全，儿童房里的植物不要太高大，不要选择稳定性差的花盆架，以免伤害儿童。

(5) 忌污染。对植物和花卉施用的农药、杀虫药和化肥等必须安全，符合国家农作物相关安全标准和规范，以免造成室内环境污染和人身伤害。

六、加强个人与环境卫生

所有人群应当进一步提高卫生意识，加强个人与环境的清洁卫生工作。养成良好的卫生习惯，是保护健康、预防疾病的基本点。所有人群应当将开展全民卫生工作提高到民族民生之本的高度来认识。

 学习单元 2　编制室内环境治理方案

 学习目标

➢ 了解编制室内环境治理方案的重要性
➢ 了解编制室内环境治理方案的程序

 知识要求

1. 编制室内环境治理方案的重要性

室内环境治理牵涉的面较广，工程项目建设也越来越复杂，用户面临着复杂的环境污染问题和健康问题，需要专业咨询机构提供全方位、综合性的方案、服务和建议。室内环境治理员应该以其专业知识、业务能力与总体整合能力，围绕用户的项目目标提出切实可行的治理方案。

首先，编制治理方案是治理项目建设过程中承上启下的重要阶段。治理项目建设全过程一般分为项目评估、项目决策、项目方案、项目实施四个阶段。当治理项目立项之后，方案是将决策和设想变为现实的唯一方式，同时方案又是指导治理项目实施的经济技术性文件,从而在整个治理项目实施过程中起承上启下的关键作用。

其次,编制治理方案是治理项目投资控制的关键阶段。方案设计中治理方法的确定、室内环境质量标准的选择、施工的材料和周期、工料机的配备,无不体现到整个治理项目的投资多少。从某种意义上讲,治理方案规定了治理项目的规模和治理标准,同时也决定了治理项目的投资规模。根据有关资料,治理方案影响治理项目投资的程度为70%～80%,而在实施阶段,即使通过加强施工管理,采用技术措施,节约投资的可能性也只有6%～12%。因此,当治理项目决策后,控制治理项目投资的关键环节就是设计治理方案。

最后,编制治理方案是建设单位最难控制的阶段。方案不同于施工,无论采用什么施工方案、施工方法和施工手段,最终结果只能是达到用户的要求。而方案却有较大自由度,对于同一个治理项目,不同的企业、不同的设计人员、在不同的时期,完全有可能设计出不同的治理方案,这是因为方案受到治理单位的资质、专业人员的技术水平及其个人的经验爱好和习惯风格等因素的影响。

由此可见,编制治理方案对于保证治理项目质量、控制投资规模和实现业主的项目目标具有重要影响。

2. 编制室内环境治理方案的程序

图2—3为编制室内环境治理方案的程序。

技能要求

根据现场检测情况,编制治理方案

操作步骤

步骤1　污染源调查

控制室内环境污染的第一步是从建筑物的不同环节出发,调查和识别可能造成室内污染的污染物及其来源,在一定的环境单元内进行可疑污染源识别和存在状态调查,了解室内存在的污染物种类、来源、在室内的消减规律、室内人群的健康状况等基础资料。这是后续要采取的控制改善措施的基础。污染源调查的内容包括:

1)室内环境设施和装饰材料调查。收集环境单元中所使用的设备(如复印

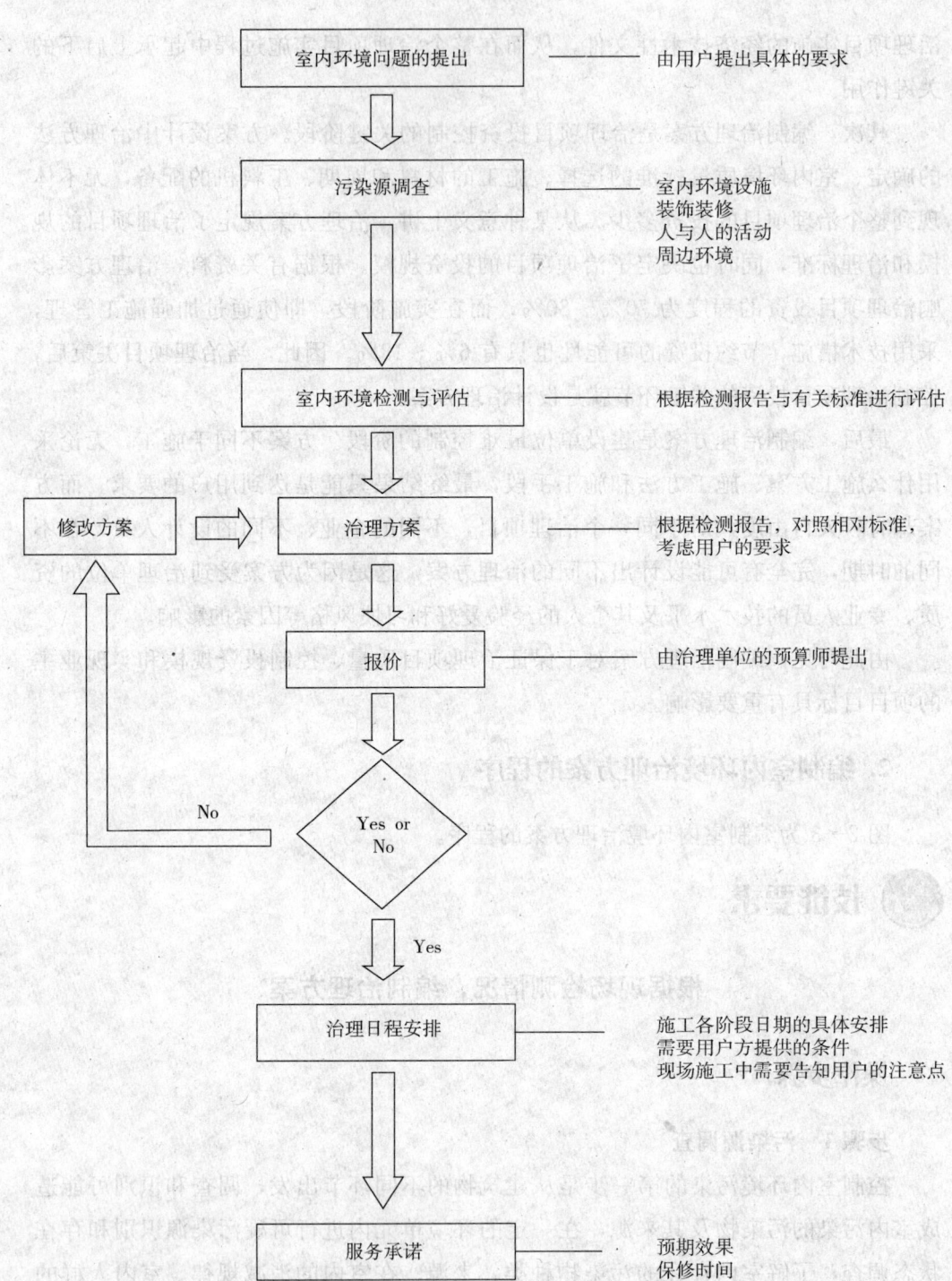

图 2—3 编制室内环境治理方案的程序

机、空调系统等）和装饰装修情况（家具等），了解其在日常使用和运行维护方面可能产生污染的状态和程度。

2) 环境单元周边环境调查。由于室外环境质量对室内环境质量的影响较大，在建筑物选址前应对拟建的建筑物进行外部环境质量评价，避开室外较重的污染源。外部环境质量评价应对基地环境周围的大气、噪声、土壤和辐射等进行单因素评价。拟建建筑物应避开现在或过去曾污染严重的化工厂、交通噪声和汽车尾气污染较重的交通干道、被污染的地下水和被特殊有毒有害物质污染的土壤。如果外界大环境不理想，可在设计时采取相应的室外污染控制措施。

3) 室内人群调查。在进行室内污染源识别和调查的同时，可以对室内人群就环境问题进行访谈，请他们填写调查表，收集他们对室内环境的整体和个性化的反映，了解他们在日常工作或生活中注意到或抱怨的环境问题，为环境问题重点调查提供参考。

步骤2　室内环境质量检测与评估

通过现场调查，编制环境质量的测试方案，经与业主方沟通，提出影响楼宇环境质量的可疑因素。在业主方认可的条件下，进行环境因素的测试验证，收集空气样本以确认各种有害物质的存在与所占比例，如粉尘、甲醛、一氧化碳、二氧化碳、石棉、易挥发有机物和微生物等。

在现场调查与测试的基础上，参照国内环境质量控制标准，进行环境质量整体评估，评估报告主要包括以下内容：楼宇的背景资料，现场工作环境状况观察结果，通风系统和室内设备的运营现状分析，测试方案中的采样和分析方法，测试和评估依据的相关法规和标准，调查结论和控制改善的建议方案。

步骤3　室内环境质量控制与优化

室内环境质量的控制与优化主要可以通过三种途径实现，即污染源控制、通风和室内空气净化。根据建筑物建设和使用情况，室内环境污染控制与改善又可分为事前控制和事后改善两种。前一种是针对拟建的建筑物采取的室内环境污染预防措施，相对来说比较容易控制，从建筑设计、选材、施工、验收等各个环节，即从污染物产生的源头上控制，效果比较明显，但由于涉及的环节和部门众多，各项措施的落实需要每个环节的负责人员相互协调。而后一种是在已经出现室内污染后采取的污染改善措施，这其实是全国已建和装修完工的建筑中存在的主要问题，是公众关心的问题，需要经济、有效的室内污染综合治理方法。

要做好室内环境质量的控制与优化，应注意以下几点：

1) 专人负责有关室内环境问题的联系工作。该负责人须对所有室内空气质量问题做出评估，并且监督室内空气质量计划的管理事宜，因此需对该负责人进行必要的室内环境质量方面的培训。

2) 处理所有现存的及潜在的室内空气质量问题。

3) 为机械通风及空调系统编制清洗及维修保养的计划，对于可能产生污染物的办公室设备，如复印机、打印机和传真机等，安装足够或独立的通风装置。

4) 确保新风入口没有被阻挡，新风入口切勿装置在空气可能受污染的地方。

5) 对室内人群提供有关室内空气质量管理的培训。

6) 当室内发生漏水、水浸或其他事故时，应尽快采取相应行动，以免室内空气质量恶化。

7) 妥善处理潜在的污染物源头，如吸烟、装修翻新物料及家具、防虫用品。

8) 与室内人群沟通，明确他们在维持良好室内空气质量方面所担当的角色。

9) 制定处理有关室内空气质量的抱怨投诉的制度，及时进行相应的记录、调查处理与反馈。

10) 建立必要的应急系统，在发生污染时采取有效措施防止污染的扩散。

【案例 2—1】 某住宅室内环境污染治理与净化的方案

操作步骤

步骤 1 审读住宅平面布置图

步骤 2 列出住宅各房间的名称与面积（见表 2—15）

表 2—15　　　　　　　　各房间的名称与面积

房间	客厅	主卧	女儿房	书房	餐厅	主卫	次卫	厨房	合计
面积（m²）	42	25	15	15	20	8	8	14	147

步骤 3 列出住宅各房间内装修装饰与使用电器的情况（见表 2—16、表 2—17）

表 2—16　　　　　　　　各房间装修装饰的情况

	顶棚	墙面	地坪	门窗	沙发	家具	窗帘
客厅	人造板、石膏	水性涂料	实木地板、羊毛地毯	实木、铝合金	真皮、布艺	人造板	布艺
主卧	铝扣板	墙纸	实木地板	实木、铝合金	布艺	实木	布艺
女儿房	铝扣板	墙纸	实木地板	实木、铝合金	布艺	实木	布艺
书房	铝扣板	墙纸	实木地板	实木、铝合金	—	实木	塑料
餐厅	铝扣板	水性涂料	实木地板	铝合金	—	人造板	塑料

续表

	顶棚	墙面	地坪	门窗	沙发	家具	窗帘
主卫	铝扣板	瓷砖	地砖	铝合金	—	—	塑料
次卫	铝扣板	瓷砖	地砖	铝合金	—	—	塑料
厨房	铝扣板	瓷砖	地砖	铝合金	—	人造板	塑料

表 2—17　　各房间使用电器的情况

房间	电器
客厅	电视机、DVD、电话
主卧	电视机、DVD、电话
女儿房	电视机、DVD、电话
书房	电视机、DVD、传真机、计算机、打印机、电话
餐厅	冰箱、冰柜、电话
主卫	热水器、浴霸、电话
次卫	热水器、浴霸、电话
厨房	燃具煤气灶、油烟机、电话、消毒柜、微波炉、烤箱、煤气热水器

步骤 4　列出住宅各房间内污染物的测试情况（见表 2—18）

表 2—18　　各房间内污染物的测试情况

房间	甲醛/（mg/m^3）	苯/（mg/m^3）	TVOC/（mg/m^3）
客厅	0.15	0.10	0.65
主卧	0.10	0.11	0.50
女儿房	0.09	0.09	0.50
书房	0.12	0.11	0.65
餐厅	0.15	0.11	0.70
主卫	0.06	0.08	0.50
次卫	0.06	0.08	0.50
厨房	0.20	0.15	0.78

步骤 5　写出住宅各房间内污染物的评价要点（见表 2—19）

表 2—19　　各房间内污染物的评价要点

房间	评价要点
客厅	使用较多的人造板吊顶与电视柜等家具，地板油漆与胶黏剂等会释放甲醛、苯与 TVOC 等污染物，检测结果显示甲醛超标，需要治理并采取净化措施
主卧	使用实木家具，油漆、胶黏剂以及墙纸、布艺窗帘、沙发等会释放甲醛、TVOC，需要治理并采取净化措施
女儿房	使用实木家具，油漆、胶黏剂以及墙纸、布艺窗帘、沙发等会释放甲醛、TVOC，儿童房对甲醛的浓度要求较严格，最好低于 0.06 mg/m^3，建议治理并采取净化措施

续表

房间	评价要点
书房	使用实木家具，油漆、胶黏剂以及墙纸、布艺窗帘、沙发等会释放甲醛、TVOC，家用电器较多，需要治理并采取净化措施
餐厅	使用实木餐桌、地板，油漆、胶黏剂等可能产生甲醛、TVOC等化学污染物，需要治理并采取净化措施
主卫	加强通风
次卫	加强通风
厨房	人造板橱柜成为厨房的主要化学污染源，厨房电器较多，燃气与烹调可能产生污染，建议重点治理与采取净化措施

步骤6　写出住宅各房间内污染物的治理与净化项目（见表2—20）

表2—20　各房间内污染物的治理与净化项目

房间	治理与净化要点				
	通风	用甲醛去除剂治理污染源	喷雾去味	新风机	空气净化器
客厅	√	√	√	√	√
主卧	√	√	√	√	√
女儿房	√	√	√	√	√
书房	√	√	√	√	√
餐厅	√			√	
主卫	√				
次卫	√				
厨房	√	√		√	

步骤7　写出住宅各房间内污染物的治理与净化的工作内容和报价（见表2—21）

表2—21　各房间内污染物的治理与净化的工作内容和报价

序号	工作内容	单位	数量	单价/元	金额/元
1	通风	m²	147	8	1 176
2	用甲醛去除剂治理污染源	m²	111	25	2 775
3	喷雾去味	m²	131	10	1 310
4	新风机	台	6	1 200	7 200
5	空气净化器	台	4	3 800	15 200
	合计				27 661

注：表2—22的单价为假设（属于中等水平），实际报价时，不同品牌、不同企业会有所不同，但要达到治理与净化的要求，表中的项目应尽量选用。

【案例 2—2】 某办公大厦安装中央空调净化装置的方案

空调已成了一个重要的污染源,本方案旨在为某办公大厦解决中央空调污染,提高室内空气品质。

操作步骤

步骤1 进行某大厦空调系统的现状分析

某大厦为封闭式结构的现代化智能型建筑。楼层采用美国开利公司的 VAV 变风量空调机组,采用德国西门子智能控制系统自动控制楼层的温度。VAV 变风量空调机组有新风口连通新风机组。新风机组有动力与控制系统,可以控制新风量。某大厦位于上海浦东陆家嘴金融区,靠近黄浦江。一般情况下,周边环境空气良好。但在梅雨季节或大气气压低造成逆温污染的情况下,大气污染会通过新风进入封闭的建筑,对室内环境与中央空调系统造成影响。

据了解,某大厦的中央空调系统与新风系统均没有安装净化消毒系统,因此,使用日久后,中央空调系统与新风系统的管道、换热器的翅片与过滤器都会沉积灰尘,滋长繁殖细菌、真菌等微生物。

此外,目前某大厦的楼层使用地毯;有的楼层办公室人员较多,办公室有复印机等现代办公设备,这样室内也存在可吸入颗粒物与 TVOC 等有机化合物的污染。有的楼层业主为来自瑞典等国家的高端客户,他们抱怨上海的天气以及封闭式的建筑室内空气,希望建筑内的空气质量能得到改善。

步骤2 分析中央空调系统的问题

某大厦的中央空调系统有四个 VAV 末端装置,每个 VAV 末端装置控制约 600 m^2 建筑的温度,每一台机组的处理风量为 15 000 m^3/h。空调机房内的机组为卧装,有一个回风与新风的混合进风口和一个出风口。新风机在空调机房内,有动力装置从建筑的天井中引入新风。上述空调系统的设计存在以下问题:

1)系统对可吸入颗粒物(0.5~10 μm)、细菌等污染无控制手段,可能造成室内空气质量超过标准;

2)新风系统对引入的大气污染物没有控制手段,可能将大气污染物引入空调系统与室内,造成污染;

3)室内污染与从大气引入的污染会对中央空调系统与新风系统的管道、换热器的翅片与过滤器造成污染。

可以在现有空调系统的结构基础上,增设部分净化消毒设施,在不影响原有空调系统工作状况的前提下,有效地改善室内空气的质量,达到有关空气质量标准,提高室内空气的舒适度,增加客户的满意度。

步骤3 制订某大厦空调系统安装净化消毒装置的方案

1)方案。在空调机组的进风口(即回风与新风混合段)加装空调净化消毒装置。中央空调净化消毒装置能高效去除回风与新风中的可吸入颗粒物、细菌、真菌与TVOC,达到有关标准。其技术参数为:

①外形尺寸:1 200 mm×800 mm×600 mm。

②处理风量:15 000 m^3/h。

③空调送风口测试:可吸入颗粒物(PM_{10})≤0.15 mg/m^3;细菌总数≤500 cfu/m^3;真菌总数≤500 cfu/m^3(根据上海有关权威测试机构的条件与要求选择检测);溶血性链球菌等致病微生物不得检出(根据上海有关权威测试机构的条件与要求选择检测);装置阻力≤50 Pa;臭氧浓度≤0.10 mg/m^3;TVOC≤0.6 mg/m^3;功率增加部分≤50 W。

2)预期效果

①上述空调净化系统经改造后,室内空气质量可以全面达到国家标准《旅店业卫生标准》(GB 9663—1996),相当于五星级宾馆的空气质量标准。

②室内空气质量可以全面达到瑞典、美国、新加坡等国家的室内空气质量标准。

③室内空气质量可以全面达到我国卫生部的《公共场所集中空调通风系统卫生规范》与国家标准《室内空气质量标准》。

④装置可以高效去除花粉等微生物,可以预防花粉过敏、哮喘等过敏性疾病。

⑤可以预防中央空调系统换热器的翅片上因粉尘与细菌沉积而降低传热效率,具有节能效果。

⑥可以减少中央空调系统与新风系统的管道、换热器的翅片与过滤器因污染而需要支付的巨额清洗、消毒费用。

3)预算(见表2—22)

表2—22 安装净化消毒装置的预算

序号	名称	金额/元	备注
1	中央空调净化消毒装置	18 000	
2	安装费	2 700	
3	辅助材料	900	
4	合计	21 600	

4）维修费用

①1年内厂方包修，电场装置等主要部件包修5年。

②第2年起，年维护费2 400元/套。

③耗材（吸附介质）2 400元/套。

5）本方案的特点

①不影响中央空调系统的风阻、致冷致热效果；

②除了改造回风口之外，不改变空调与建筑结构；

③增加的净化消毒系统能耗很小，不需增加变压器的配电能力；

④消毒净化系统运行时无噪声，无"噼啪"的放电声，无臭氧及其他有害气体发生；

⑤中央空调净化消毒装置不产生电子干扰，对计算机系统无影响；

⑥净化消毒装置可以配备遥控器，可以独立启动与关闭，不影响空调系统的正常工作。在空调正常运行时或空调停运时，都可以方便地启动或关闭。

6）施工程序

①本方案经论证通过后，公司将派出工程技术人员到现场进行勘察，测量回风口安装尺寸及动力电源位置，详细制订工程方案，给出接口的实际尺寸。

②公司根据实际接口尺寸，按企业标准制作静电吸附净化消毒装置。

③现场安装。安装时约需2~4 h，要使用手枪钻等电动工具，空调可能需要停用1~2 h（可以下班时进行）。

④整个施工期间，公司派出施工人员进行现场作业指导与安全监督，保证不影响大厦正常业务工作，不损坏室内环境的其他设施与设备。

⑤本系统的电器安装符合安全标准。各回风口的装置配备遥控器，可以方便地控制开关，不会产生因为新装开关带来建筑结构的破坏与可能产生的其他安全问题。

⑥施工完毕后，清理、清洁现场，经有关权威机构检测合格，用户验收后交付使用。

7）售后服务。售后服务由××有限公司承担。售后服务的主要服务项目为：

①第1年内，每3个月上门检查各回风口的净化消毒装置的工作情况，清洗辅助过滤器，检查高压电源的工作状态。

②第1年末，免费清洗电场装置，免费检查电器供电等设备。

③第2年起，按规定进行有偿清洗服务。

④5年内，如有高压电源与电场装置损坏，公司提供免费修理或掉换。

8) 检测单位与检测方法。可由具有 CMA 资质的专业测试机构进行现场检测。

检测方法为：系统正常运转 1 h 后，测试出风口 30 cm 处的可吸入颗粒物浓度与细菌总数，每个出风口测试 3 次，取平均值。

第 2 节　组织施工

学习单元 1　各种治理方法的工艺要求与施工注意事项

学习目标

- 了解各种治理方法的工艺要求
- 了解各种治理方法的施工注意事项

知识要求

1. 各种治理方法的工艺要求

针对室内环境污染的特点，人们已经掌握了多种不同的净化方法，可以解决室内环境的污染问题。常见的净化方法有通风法、涂敷法、熏蒸法、喷雾法、熏香法、清洗法、空气净化器法等，表 2—23 列出了以上各种净化方法的基本原理与工艺要求。

表 2—23　　　　各种净化方法的基本原理与工艺要求

常见净化方法	净化基本原理	工艺要求
通风法 （机械通风）	采用风机等组成的通风系统，对室内的空气进行换气净化，可以选择全部或部分使用室外的新风	1) 风机的选型要满足系统风量与风压的要求；通风量要满足换气次数的要求；风压要满足系统，主要是净化材料的阻力损失； 2) 风机的控制系统要满足风机的电源电压、功率与电流的要求； 3) 风机的噪声不能影响施工与周围的环境；

续表

常见净化方法	净化基本原理	工艺要求
通风法（机械通风）		4）通风系统使用的过滤材料要满足去除目标污染物的要求； 5）新风的采风口必须远离污染源； 6）排风必须经过无害化处理，不能对环境造成污染或影响
涂敷法	采用具有净化或消毒功能的化学药剂喷涂或刷涂在物体的表面	1）涂敷法的效果主要取决于所用药剂的性能，首先应检查、核对所用药剂的性能与有效期； 2）仔细阅读说明书，严格按照配方配制；操作时不能将药剂撒落或溅落在盛器外，以防污染环境； 3）喷涂时，选择合适的空压机与喷嘴；空压机的电源电压、功率与电流以及喷嘴的形状必须符合使用要求； 4）刷涂时，选择质地良好的羊毛刷、毛巾等工具，不要将工具中的纤维留在物体的表面
熏蒸法	化学药剂经高温焙烧散发出大量的挥发性雾状气溶胶，弥散到室内的每一个角落，与空气和物体表面的有害物质进行反应或靠其药性直接杀灭细菌等微生物。这种方法既可消除已经散发到空气中的各种异味，包括氨、苯、甲醇等有机挥发物，还可直接清除污染源，达到标本兼治的效果	1）熏蒸法的效果主要取决于所用药剂的性能，首先应检查、核对所用药剂的性能与有效期； 2）熏蒸时必须清理现场，现场不能有人或宠物，不能将食品遗留在室内； 3）熏蒸后按规定的时间封闭，封闭时不能有人进出； 4）有规定要求的，熏蒸结束后应按照规定要求，开启门窗通风； 5）确认熏蒸形成的气溶胶与气体对室内的电器、装饰与其他物品没有损害
喷雾法	利用机械或化学气雾剂将能够净化空气或消毒的药剂形成气溶胶喷洒在空气中，依靠悬浮在空气中的气溶胶对空气进行净化或消毒	1）喷雾法的效果主要取决于所用药剂的性能，首先应检查、核对所用药剂的性能与有效期； 2）喷雾器的选择必须符合喷雾压力与喷雾粒子直径的要求； 3）喷雾时必须清理现场，现场不能有其他人或宠物，不能将食品遗留在室内； 4）喷雾作业时，操作者必须戴口罩、穿工作服； 5）确认喷雾形成的气溶胶对室内的电器、装饰与其他物品没有损害
熏香法	用从植物中提炼出来的香精与化学燃料配制成特殊的熏香型材料，在500℃高温燃烧后产生含负离子的芳香气体，弥散到室内空气中可以消除空气中的各种有机挥发物、细菌、螨虫、"二手烟"，达到净化空气、美化环境的目的	1）熏香法的效果主要取决于所用香料的性能，首先应检查、核对所用香料的性能与有效期； 2）检查点燃熏香材料的装置的安全性； 3）检查现场成员是否对熏香材料过敏
清洗法	采用抹布、拖把或湿式吸尘器对环境进行净化（俗称大扫除）	1）核对湿式吸尘器的电源电压、功率与电流是否符合使用要求； 2）湿式吸尘器的噪声不能影响施工与周围的环境； 3）湿式吸尘器的用水、滤网必须符合使用的要求； 4）确认需要清洁的环境是否能够用水或其他清洁剂进行清洗； 5）选择质地优良的抹布、拖把等清洁工具

续表

常见净化方法	净化基本原理	工艺要求
空气净化器法	使用由风机与过滤、静电、吸收、吸附等材料组成的设备对环境进行净化	1）核对空气净化器的电源电压、功率与电流是否符合使用要求； 2）开启净化器的噪声不能影响施工与周围的环境； 3）核对空气净化器的净化材料是否有效； 4）核对空气净化器的净化风量是否符合要求

2. 各种治理方法的施工注意事项

表 2—24 为上述治理方法在施工时的注意事项。

表 2—24 常见治理方法施工时的注意事项

常见治理方法	施工时的注意事项
通风法（机械通风）	1）选择合适的通风机，通风量应该为室内空间体积的 8～20 倍； 2）合理采用送排风通风系统。如排风对周围环境有影响，则可以选择排风大于送风的负压通风形式； 3）送风应当装有可吸入颗粒物的净化装置，排风应当装有气体污染物的净化装置； 4）冬天施工时，通风前应当开启热空调或暖气设备，室温达到 25～30℃时，进行通风，一般 1 天通风 2 h，治理 3 天基本能达到去除家装污染物的效果
涂敷法	1）确认被治理的对象可以采用涂敷的方式净化； 2）确认涂敷药剂的有效性
熏蒸法	1）确认被治理的对象可以采用熏蒸的方式净化； 2）确认熏蒸药剂的有效性； 3）施工时，室内应当密闭，一般人与宠物不能在现场； 4）施工后，开启门、窗通风
喷雾法	1）确认被治理的对象可以采用喷雾的方式净化； 2）确认喷雾药剂的有效性； 3）施工时，室内应当密闭，一般人与宠物不能在现场； 4）施工时，施工人员要注意个人防护； 5）施工后，开启门、窗通风
熏香法	1）确认被治理的对象可以采用熏香的方式净化； 2）确认熏香药剂的有效性； 3）施工时，室内应当密闭，一般人与宠物不能在现场； 4）施工后，开启门、窗通风
清洗法	1）确认被治理的对象可以采用湿法清洗的方式净化； 2）确认清洗药剂的有效性； 3）施工时，防止清洗液泄漏与溅出； 4）清洗后，妥善处理污染的清洗液； 5）擦干表面，恢复室内原来的布置
空气净化器法	1）在通风有困难的场合，使用空气净化器同样能达到通风的效果； 2）选择合适风量的空气净化器，通风量应该为室内空间体积的 8～20 倍； 3）净化器应当选择对目标污染物具有较高去除效率的产品； 4）检查空气净化器具有良好的去除目标污染物的能力

 **技能要求**

家庭居室环境空气治理的施工案例

经过检测,某居室三个房间空气中的甲醛浓度为 $0.9 \sim 1.2 \ mg/m^3$,与国家规定标准值 0.10 相比,超标 $9 \sim 12$ 倍,属于严重室内环境污染。

根据室内装修情况判断,该居室大量使用大芯板制作壁柜,室内铺设木地板,这是造成甲醛浓度严重超标的主要原因。由于大芯板和木地板均未进行事先处理,装饰格局已经成型且无法改变,导致很多部位均无法进行有效处理(如家具背面、结合部位、地板下部等),这给治理工作带来了较大难度。具体治理施工步骤如下。

操作步骤

步骤 1　施工前准备工作

工作人员应佩戴工作证,穿着工装,携带好相关证明资料、宣传资料,带齐所需产品和工作用具(施工工具及清洁用品,包括空压机、喷枪、梯子、盖布、胶带、毛巾、工装等)。

步骤 2　场地清洁

采用清洗法,对室内环境的表面进行清洁,清洁的次序为:天花板→墙面→柜子→窗台→桌子→椅子→地面。

步骤 3　遮盖和保护

与客户沟通,对不需要治理与不适合喷涂治理的部位与物品进行遮盖和保护。

步骤 4　家具与地板的治理

所有施工工具及产品必须放在固定位置,并进行铺垫,以免沾污地面。施工人员进出施工现场时,必须穿戴鞋套,进入有地毯或木制地板的房间时,必须更换鞋套后方可进入,以免弄脏地板。

1)打开所有家具柜门,将放置的物品进行清理,能拆卸的部件尽量拆卸下来。

2)采用涂敷法对柜子内表面进行喷涂处理,涂敷药剂使用量约为 $40 \ mL/m^2$。对于未经过油漆或贴纸处理的板材,包括接口的裸露面及木制家具未处理的背面等,应加大使用剂量。对于木制柜子的靠墙部位,能移动的最好移动加以重点处理。对端面及断面进行喷涂或刷涂时,不可一次涂刷过量,若污染严重可待一次涂刷干后,再进行二次涂刷。

3)采用家具专用净化剂对木制地板加以涂敷处理。

4）使用家具专用净化剂对木制的床进行处理，处理过程中，应将床垫取下，对包括床板在内的所有部位进行喷涂处理。

5）治理72 h后，用温水擦拭干净。

步骤5　天花板、墙壁的治理

采用中气压低流量喷雾法对天花板、墙壁等进行喷涂处理，使用药剂为光催化剂，使用量为150~200 m²/L。

步骤6　通风

施工结束后，打开门窗，加强通风。

步骤7　二次治理

以上工作结束后，于次日或隔日，对家具内部及木地板采用涂敷法进行二次处理，并于4 h后擦干，使用除醛护理蜡进行表面处理。同时，可在每个房间放置一套紫外线灯管，以加强光催化，加快室内污染物的分解速度。照射时间以3~5 h为宜，对于光线较暗、通风较差的公共场所，条件允许时，可延长紫外灯的照射时间，连续照射时间以1周以上为最佳，每天照射时间不低于3h。采用紫外线灯管进行加强处理时，应特别注意将花木等进行转移，对可能会因紫外线照射而受到影响的物体加以转移或遮盖。

步骤8　地毯与窗帘等织物的表面处理

待各种施工结束后，最后一道工序是使用织物专用净化剂对地毯与窗帘等织物表面进行处理。

步骤9　二次治理3~7天后进行室内空气质量验收检测

学习单元2　现场施工管理

学习目标

➤ 了解如何配备施工人员

➤ 了解如何进行施工现场监督

➤ 了解竣工验收需要提供的文件资料

 **知识要求**

现场施工是实施室内环境治理方案的最为重要的环节。组织施工阶段的主要工作是现场施工的管理。现场施工管理环节主要包括：配备施工人员、客户配合、现场监督施工质量和进度、竣工验收等步骤。

1. 配备施工人员

在组织施工管理过程中，方案与步骤决定以后，人员的配备是最重要的。根据施工设计、实施及项目管理经验，一般室内环境治理施工需要配备的人员如图2—4所示。施工项目组设项目经理、施工人员、技术质量人员、安全管理人员、材料管理人员、后勤人员等。实行项目经理负责制，配备富有经验的各层次各环节职能人员和施工技术人员，按照岗位职责分别负责施工内外的协调，施工力量的组织调遣，技术交底，设备材料供应，施工机具设备的供应管理，落实安装进度，施工过程质量监督，安全生产监督，施工技术资料的填写、整理，生活后勤安排等工作。

表2—25列出了一项室内环境治理施工一般需要配备的人员及其职责。视施工的规模大小，配备的人员可多可少，一些管理岗位的人员可以兼职，但有关的岗位不能空缺，施工中每一项工作要落实到人。

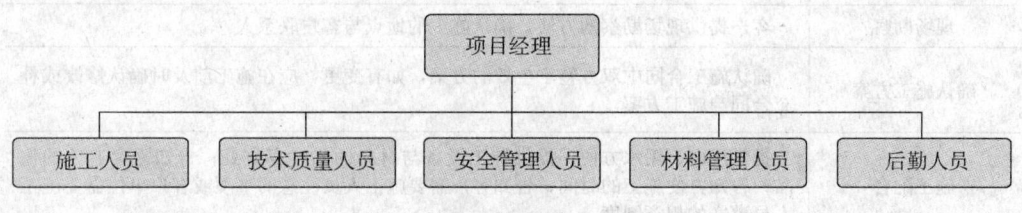

图2—4 室内环境治理施工的人员配备

表2—25　　　　　　　　　　施工人员的配备与职责

工作岗位	职　责	参考人数
项目经理	负责组织本施工项目的现场施工； 负责施工整体指导工作； 监督整个施工项目的实施，对施工项目的实施进度负责； 负责解决施工项目实施过程中出现的各种问题，负责与业主及相关人员的协调工作。定期检查施工项目进展情况，并根据施工项目的需要，及时调用后备资源支援工作； 取得室内环境治理员（技师）资质的人员优先担任	1人

续表

工作岗位	职责	参考人数
施工人员	具有室内环境治理的实施经验、一定的技术知识和良好的个人综合素质； 取得室内环境治理员资质的人员优先担任	根据项目的工作量配备
技术质量人员	负责施工技术准备； 负责现场治理的技术质量，解决施工中出现的技术问题； 负责施工过程中的质量检查和施工完成后的自检； 具有室内环境治理项目实施经验、技术知识，技能全面； 取得室内环境治理员（中级）以上资质的人员优先担任	1~2人，可以兼职
安全管理人员	负责巡视日常工作，做好安全防范； 取得室内环境治理员（中级）资质的人员优先担任	1人，可以兼职
材料管理人员	要求熟悉施工所需的材料、设备规格，负责材料、设备的进出库管理和库存管理，保证库存设备的完整； 取得室内环境治理员（中级）资质的人员优先担任	1人，可以兼职
后勤人员	为施工人员提供食、宿、运输、交通等后勤服务	1人，可以兼职

2. 客户配合

现场施工管理过程中，及时与客户沟通、取得客户的配合显得十分重要。表2—26为室内环境现场治理过程中需要与客户沟通、取得客户配合的主要内容。

表2—26　　　　　　　　　客户配合的主要内容

施工阶段	客户配合的内容
现场勘察	客户提供现场勘察的方便，确认施工的地点与客户联系人
确认施工方案	确认施工合同中双方签字生效的方案，如有变更，应在施工前及时确认修改或补充合同与施工方案
施工配合	提供用电、用水方便；提供施工设备与材料的临时存放处；告知需要遮盖的物品；告知方便施工的时间；告知客户需要施工人员注意的事项或客户单位需要施工人员遵守的规章制度
竣工验收	客户指定人员负责施工过程中分段和整体施工的质量检验与验收

3. 现场监督施工质量和进度

在整个施工过程中，以控制施工质量为主，以控制施工进度为辅，不断督导检查，以执行标准为设计依据，以施工验收标准为检验依据，保证施工顺利完成，直至验收。

为了保证现场监督施工质量和进度，根据室内环境治理现场的实际情况，制定科学的、可操作的制度十分必要。表2—27为部分必要的现场监督施工质量和进度的制度及其说明，表2—28为现场监督施工质量和进度的具体工作与注意事项。

表2—27　　　　　　　现场监督施工质量和进度的制度及其说明

制度名称	说　明
考勤制度	现场人员的出勤率是施工进度的人力条件。要保证人员按时上下班，有事必须向项目经理请假
请示制度	施工遇到不可预见的问题必须及时向上一级领导汇报，并写出相关的书面材料，经上一级领导同意（或提出处理意见）且签字后，方能处理。在重大原则问题上，应征得项目经理同意且签字后，方可处理
质量分析会制度	在施工项目实施过程中，定期召开质量分析会，当发生重大问题时，可临时召开质量分析会，进行施工质量、进度等情况的检查，并做好记录，会后及时把会议纪要分发给有关人员
协调会议通知制度	凡是与系统施工有关的、由业主参加的协调会议，必须就有关协调情况及最终答复形成会议纪要以备查，会议纪要送达业主及相关人员
施工设备与药剂管理制度	根据施工特点，分几个阶段进行

表2—28　　　　　　　现场监督施工质量和进度的具体工作与注意事项

工作名称	具体工作与注意事项
施工准备	1）组织项目施工，熟悉方案，制订实施计划，进行技术交底； 2）根据现场施工条件，组织施工设备、材料进场，落实主要材料的供应、运输和储存； 3）现场施工用电、用水由业主负责解决，要注意电源的电压、功率应满足设备要求。临时用电拉线时，要注意用电安全。安装施工用水量很少，主要取自业主施工用水管； 4）绘制机械设备一览表、施工进度网络计划、施工人员计划表、主要材料计划表、临时设施一览表与施工工期计划表
质量管理	1）组织施工人员认真学习施工规范、规格，学习和掌握设计施工图，严格按施工图、验收规范及施工组织设计施工； 2）在施工现场建立质量管理小组，设专职检验员负责施工质量管理和监督； 3）技术质量人员组织各班组的质检员定期进行日常施工"三检"（日检、互检、交接班检）； 4）严格按照《建筑安装施工质量检验评定标准》进行施工质量评定，认真填写自检资料，做到施工资料的形成与工期同步； 5）所有设备材料应有合格证和质保书，由技术质量人员负责收集和管理，并及时向业主和有关人员展示； 6）强调持证上岗，重要部位、重要工序必须由持有效合格证书的工人进行操作； 7）实施班前质量交底制度，各工种负责人在布置任务时，应交底施工质量要求，并记入施工日记，确保按图样施工和符合施工验收规范要求； 8）严格按照现场质量管理规定和施工组织设计中的质量细则组织施工
施工安全管理	1）严格执行国家对安全生产的各项规定，坚持执行安全生产的十项技术措施，强化安全生产观念，明确安全为了生产、生产必须安全的思想，坚决做到遵守规章制度，反对违章作业； 2）现场工人必须服从安全负责人的指挥，安全负责人有执法权，特殊情况下有决定临时停工权； 3）认真贯彻执行各级颁发的安全生产规定，严肃安全纪律，坚决禁止酒后上班，对违反安全规定的按奖惩条例进行处罚； 4）施工组织建立后，以项目经理为全权安全生产负责人，并设专职安全员1名； 5）建立安全生产例会制度和定期安全生产检查制度，做到有检查、有记录、有措施、有落实，对新进场的人员做好岗前安全教育； 6）现场电气设备由专职电工人员进行安装、拆除，所有电气设备统一接零接地，每

续表

工作名称	具体工作与注意事项
施工安全管理	台设备安装漏电保护装置，按用电规定确保安全用电； 7) 充分发挥安全帽、安全带、安全网的作用，并落实到人； 8) 发现隐患时，要及时采取措施或向上级紧急报告（此时施工人员暂时撤离危险施工区），做到防患于未然； 9) 所有特种作业人员必须持证上岗； 10) 必须严格按操作规程和防火安全制度进行作业，离岗、下班时切断电源； 11) 严格遵守电工操作规程和电工安全安装规程，不准乱拉乱接临时电线，不准随意增设电气设备，不符合规定的电气设备应拒绝安装；经常检查供电设施、设备，不准带病运行，发现电线绝缘老化、过负荷、接触电阻过大等隐患，及时整改；更换熔丝（保险丝）应根据额定容量进行，不得任意加大，送电后，如熔丝两次熔断，应立即查明原因，不得强行送电； 12) 不准携带火种入库；不准在库房内使用电烙铁、电炉等电热器具和液化气；不准在库房内设置办公室和工场间；不准在库房架设临时电线和使用 60 W 以上的白炽灯、使用有镇流器的灯具，应将镇流器安装在库房外；不准在库房内存放仓库人员使用的油棉纱、油手套等物品；要将各类物资分类，限额存放
职业安全与劳动保护	1) 项目部在施工前，应组织施工人员进行体检，凡患有高血压、心脏病、癫痫病的人员，禁止从事高空作业。施工人员严禁空腹上岗； 2) 购置必备的安全防护用品，施工现场所用安全防护用品应是国家有关部门认可的产品，严禁假冒伪劣产品进入施工现场。在标高 2 m 以上的位置进行作业，必须配备安全带； 3) 现场所有用电设备，除作接地保护外，必须在设备负荷线的首端设置漏电保护器； 4) 现场一切电源线及电气设备，必须由电工负责安装维护，经验收合格后方可投入使用
安全与文明施工教育	1) 施工前，组织安全与文明施工教育，增强施工人员安全施工的意识，要求每一位施工人员认识到安全与文明施工的重要性，以及保证安全与文明施工的具体措施，以免发生事故； 2) 项目班子成员要同心同德，各司其职，精心施工，确保施工质量和安全； 3) 突出现场管理。建立完善的岗位责任制，使施工走上制度化、规范化的道路。要求层层签订责任状，实行奖优罚劣，以人为本，狠抓落实； 4) 建立科学化管理机制，提出安全与文明施工等方面的管理细则和要求，做到施工步骤"有序化"、作业区域"规范化"、劳动保护"专业化"、文明施工"自觉化"； 5) 施工现场不准大声喧哗，不准吸烟，要求保证环境卫生
保证工期的措施	1) 发扬"团结，创新，文明，实干"的企业精神，遵循"质量第一，信誉至上，服务为本"的企业宗旨，集中力量，精心组织，精心施工，保质量，保工期，总目标是施工质量优良； 2) 制定切实可行的人员配备、岗位职能与施工进度表以监督工期的进度； 3) 定时、定期召开协调会，根据用户的总进度计划，制订好分期分段的工作计划，做到计划落实、措施落实、人员落实，实行全面的动态管理

图 2—5 为质量管理网络图，图 2—6 为安全管理网络图。

4. 竣工验收

竣工验收是组织施工与现场施工管理的最后环节。竣工验收时，由治理单位与客户组成验收小组，由验收组长把验收结果填入施工竣工报验单并签字，其他验收人员在此报验单上签名。

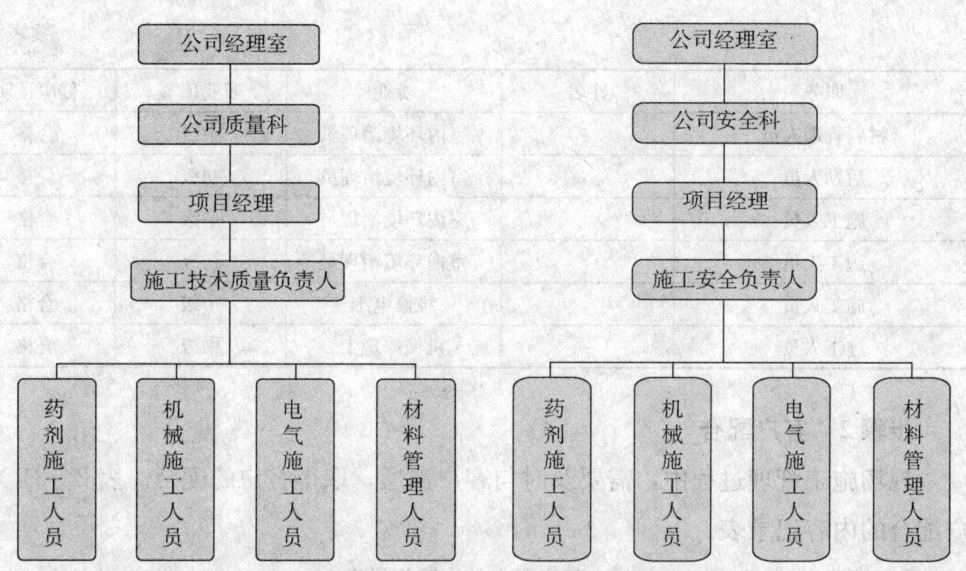

图2—5　质量管理网络图　　图2—6　安全管理网络图

表2—29为室内环境治理项目完成后进行竣工验收需要提交的文件资料。

表2—29　　　　　　　竣工验收需要提交的文件资料

资料名称	要求
治理前后的室内空气中污染物浓度检测报告	由客户认可的第三方检测单位提供
施工竣工报验单	由治理单位开具，客户签收，验收人员签字确认
客户报告	客户对治理施工提出客观的评价

 技能要求

组织施工与现场施工管理

操作步骤

步骤1　配备施工人员

根据项目治理的方案、工作量大小、进度与现场情况，结合企业的人力资源情况，配备本项目的施工人员。表2—30为施工人员配备表。

表2—30　　　　　　　施工人员配备表

职务	姓名	专业	职业证书	健康证明
项目经理		室内环境治理员	技师	合格
技术质量人员		室内环境治理员	高级	合格
安全管理人员		室内环境治理员	中级	合格

续表

职务	姓名	专业	职业证书	健康证明
材料管理人员		室内环境治理员	中级	合格
后勤人员		室内环境治理员	初级	合格
施工人员		室内环境治理员	中级	合格
施工人员		室内环境治理员	初级	合格
施工人员		维修电工	中级	合格
施工人员		机械修理工	中级	合格

步骤2　客户配合

现场施工管理过程中，需要及时与客户沟通，取得客户的配合。表2—31为客户配合的内容记录表。

表2—31　　　　　　　　　客户配合的内容记录表

客户名称		施工地址			
负责人		电话		手机	
联系人		电话		手机	

第一次客户配合内容记录：
1.
2.
3.
客户：（签字）　　　　　项目经理：（签字）
日期：　　　　　　　　　日期：

第二次客户配合内容记录：
1.
2.
3.
客户：（签字）　　　　　项目经理：（签字）
日期：　　　　　　　　　日期：

步骤3　施工准备

施工准备应当做好以下工作：

1）根据施工方案制订实施计划，进行技术交底。

2）根据现场施工条件，组织施工设备、材料进场，落实主要材料的供应、运输和储存。

3）绘制机械设备一览表、施工进度网络计划及施工人员计划表、主要材料计划表、临时设施一览表与施工工期计划表。

步骤4　现场监督施工质量与进度

采用日记的方法记录现场施工质量与进度，及时发现问题、解决问题。表2—

32为施工日记的大致内容。

表 2—32　　　　　　　　　施工日记的内容

客户名称		施工地址			
负责人		电话		手机	
联系人		电话		手机	
年　月　日		详细记录		是否发现问题	如何解决
	工作内容				
	质量情况				
	安全情况				
	进度				
	其他				

记录人：

项目经理：

步骤5　竣工验收

准备竣工验收的文件资料，填写施工质量客户评定表（见表2—33）。

表 2—33　　　　　　　　　施工质量客户评定表

客户名称		施工地址			
负责人		电话		手机	
联系人		电话		手机	
客户请根据以下内容给出评定意见（满意：√；不满意：×）					
序号		评定内容		评定	
1		施工质量			
2		施工进度			
3		施工文明			
4		施工安全			

客户评定内容：

客户签字：

日期：

思考题

1. 开窗通风有什么局限性？如何选择开窗通风的时间？
2. 室内环境净化的哪些方法经过工业应用的考验，在室内环境治理中十分可靠？

3. 普通居室如何预防微生物污染？

4. 绿色装修有哪些要求？

5. 简述编制室内环境治理方案的要点。

6. 简述通风法治理室内环境的工艺要求。

7. 采用喷雾法治理室内环境时应当注意哪些事项？

8. 组织室内环境治理施工时，对人员配备有什么要求？

9. 施工人员配备中，对技术质量负责人的人选有什么要求？他（她）的职责是什么？

10. 现场监督检查施工进度和质量有哪些措施？

第 3 章
设备维护与药剂材料管理

第 1 节　设备维护

学习单元 1　常见净化设备的结构特点

 **学习目标**

➢ 了解通风机与喷雾器的结构特点
➢ 了解各种常见空气净化器的结构特点

 知识要求

1. 通风机的结构特点

通风机是用来连续输送气体的设备。在室内空气系统中，通风机将室内的污染空气或品质低下的空气抽出并通过风管输送到净化设备中，净化后由排气口排入大气或送回室内。通风机是通风系统的核心。

(1) 通风机的分类

通风系统常用的通风机有三种，即离心式通风机、轴流式通风机与混流式通风机。

1) 离心式通风机。图3—1所示为离心式通风机的结构图。离心式通风机是由旋转的叶片和蜗壳式外壳所组成。气流由轴向吸入，经90°转弯，由于叶片的作用而获得能量，并由蜗壳出口甩出。蜗壳将动压有效地转化为静压，蜗壳出口的扩散段也使部分动压转变成静压。

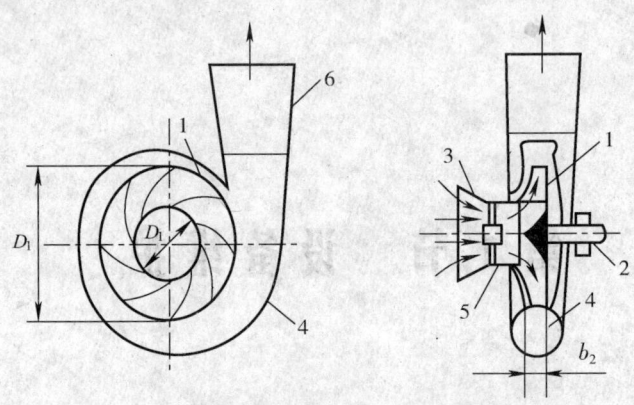

图3—1　离心式通风机简图

1—叶轮；2—轴；3—进风口；
4—机壳；5—前导器；6—扩散器

图3—2所示为离心式通风机的外形图。

图3—2　离心式通风机的外形

2) 轴流式通风机。图3—3所示为轴流式通风机的结构图。轴流式通风机的叶片安装于旋转轴的轮毂上，叶片旋转时将气流吸入并向前方送出，气流的方向不变，并与旋转轴平行，故称为轴流式通风机，它适用于输送大风量气体。

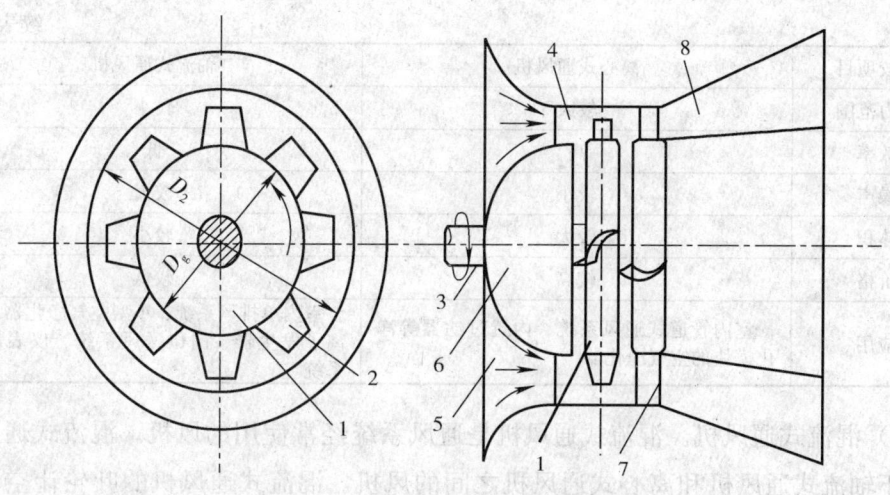

图 3—3 轴流式通风机简图

1—叶轮；2—叶片；3—轴；4—外壳；5—集风器；
6—流线体；7—整流器；8—扩散器

图 3—4 所示为轴流式通风机的外形图。

图 3—4 轴流式通风机的外形

表 3—1 为离心式通风机与轴流式通风机的结构原理与性能的比较。

表 3—1　　　　　　离心式通风机与轴流式通风机的结构原理与性能

比较项目	离心式通风机	轴流式通风机
工作原理	当电机通过传动装置带动叶轮旋转时，叶片流道间的空气随叶片旋转而旋转，获得离心力。经叶端被抛出叶轮，进入机壳。在机壳内速度逐渐减小，压力升高，然后经扩散器排出。与此同时，在叶片入口（叶根）形成较低的压力（低于吸风口压力），于是，吸风口的风流便在此压差的作用下流入叶道，自叶根流入，在叶端流出，如此源源不断，形成连续的流动	当动轮旋转时，翼栅即以圆周速度移动。处于叶片迎面的气流受挤压，静压增加。与此同时，叶片背的气体静压降低，翼栅受压差作用，但受轴承限制，不能向前运动，于是叶片迎面的高压气流由叶道出口流出，翼背的低压区"吸引"叶道入口侧的气体流入，形成穿过翼栅的连续气流

续表

比较项目	离心式通风机	轴流式通风机
压力范围	较大	较小
效率	高	低
噪声	较小	较大
体积	较大	较小
价格	较高	较低
应用	室内管道式通风系统、内置过滤器等净化模块的空气净化器	室内单排风系统、小型空气净化器、负离子发生器、岗位送风系统、仪表散热系统

3）混流式通风机。混流式通风机是通风系统经常使用的风机。混流式通风机是介于轴流式通风机和离心式通风机之间的风机，混流式通风机的叶轮让空气既做离心运动又做轴向运动，壳内空气的运动混合了轴流与离心两种运动形式，所以叫"混流"。

混流式通风机也称斜流式通风机，其风压系数比轴流式通风机高，流量系数比离心式通风机大，用在风压和流量都不大不小的场合，它填补了轴流式通风机和离心式通风机之间的空白，同时具备简单方便的特点。

混流式通风机结合了轴流式和离心式通风机的特征，外形看起来更像传统的轴流式通风机，机壳具有敞开的入口。但更常见的情况是，它具有直角弯曲形状，使电机可以放在管道外部。排泄壳缓慢膨胀，以放慢空气或气流的速度，并将动能转换为有用的静态压力。

图3—5 混流式通风机的外形

图3—5所示为混流式通风机的外形图。

（2）表示通风机性能的主要参数

表示通风机性能的主要参数是风压、风量、风机功率、风机轴功率、效率、转速和噪声等。表3—2给出了通风机性能主要参数的名称、定义与单位。

表3—2　　　　　　通风机性能主要参数的名称、定义与单位

参数名称	符号	定义	单位
全压	H_t	全压指通风机对空气做功，消耗于每1 m³空气的能量，其值为通风机出口气流	室内环境通风常用Pa

续表

参数名称	符号	定义	单位
		的压力与入口气流压力之差。全压包括动压和静压两部分	
静压	H_S	克服管网通风阻力的风压称为通风机的静压	室内环境通风常用 Pa
动压	H_V	风流在通风机出口断面上流动的压力。风机的动压与风速有关	室内环境通风常用 Pa
风量	Q	指实际时间内通过通风机入口的空气体积，也称体积流量	室内环境通风常用 m^3/h，其他场合也用 m^3/min 或 m^3/s
风机有效功率	N_y	单位时间传递给空气的能量：$N_y = \dfrac{QH}{3\,600}$	W
风机轴功率	N	消耗在通风机轴上的功率，也称为通风机的输入功率	W
效率	η	通风机轴功率与有效功率的比：$\eta = \dfrac{N_y}{N}$	%
转速	n	通风机运行时的转速	r/min
噪声	L_a	通风机噪声的频谱是复合谱，是叶片通过频率与宽带空气动力性噪声成分的叠加； 通风机噪声的声级，不仅与通风机的结构形式有关，而且还同其工作状态（由全压和风量决定）有关。不同系列、不同型号的通风机，其声级是不一样的。同一通风机，在不同工况下，其声级也是不同的	dB（A）

2. 喷雾器的结构特点

在使用喷雾法进行室内环境治理时，经常需要用到喷雾器。喷雾器主要由两大部件组成，即空气压缩机与喷枪。

（1）空气压缩机

容积式压缩机中的往复活塞式压缩机是目前应用最广泛的一种空气压缩机，大约占国内市场的 90%。这种类型的压缩机，活塞做往复运动，汽缸呈圆筒形。往复式压缩机由油润滑汽缸、曲轴箱部件、线圈、活塞、阀门和装填杆等组成。曲轴箱部件包括十字头轴承、十字接头、十字头导承和曲柄销。

在大多数往复式压缩机中，一种流体作为润滑剂使用于所有部件。较小的往复式压缩机使用喷溅润滑油，较大的装置通常使用一种油泵系统以润滑上方的曲轴箱部件。现在新型的较高级的无油空气压缩机使用越来越多，这种空气压缩机汽缸内传动机构均不使用油润滑，能够稳定地提供不含油的空气。使用无油空气压缩机，日常不必进行油管理，避免了因油而污染环境的现象。

空气压缩机的排气压力为主要选型的技术参数，一般按排气压力高低分为：低压空压机（排气压力≤1.0 MPa）；中压空压机（1.0 MPa＜排气压力≤10 MPa）；高压空压机（10 MPa＜排气压力≤100 MPa）。

采用喷雾法治理室内环境污染源时，经常使用低压空压机，一般一提到空压机，排气压力就是 0.7 MPa（过去老国标为 0.8 MPa），即它的排气压力为 0.7 MPa（通常所说的 7 个大气压或 7 kg），如果高于此或低于此即属于非标准的特种空压机。

(2) 无空气喷枪

一种新的无空气喷涂设备被用于室内环境污染源治理。这种无空气喷枪可以使需要喷涂的液体获得 3.4～34 MPa 的高压，液体在高压的作用下，高速通过一个喷嘴，形成雾状，喷向空气中，液体与空气间的摩擦使之先成为碎片最后变成微滴。快速运动的高压液体流为克服液体的黏性和表面张力、形成良好的喷雾提供了必要的能量。

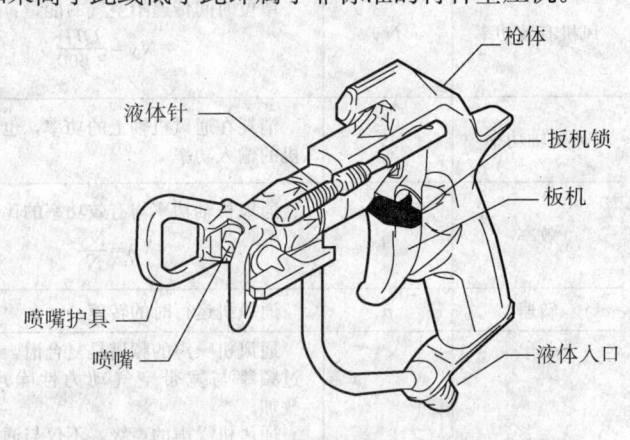

图 3—6 无空气喷枪结构图

无空气喷枪的主要部件如图 3—6 所示。

在使用无空气喷枪时，使用者通常会选择一个预定扇形尺寸的喷嘴，然后尝试不同的喷嘴口尺寸以找到最适合工作的一种。如果喷嘴口尺寸太大，流量会太高或压力会太低以至于不能形成理想的喷雾形状，典型的现象是在预定形状后有后缘。相反，如果喷嘴口太小，液体流动会太慢以至于不能保持可接受的生产效率。

喷嘴的作用是控制液体流量和在系统中产生反压，还根据喷口尺寸和形状决定喷涂形状。一般来说，小喷嘴用于低黏度（稀薄）液体、大喷嘴用于高黏度（黏稠）液体。液体喷嘴可旋转至任何位置以方便操作。

(3) 气溶胶喷雾器的技术指标（见表3—3）

表3—3　　　　　　　　　气溶胶喷雾器的技术指标

指标	喷雾距离	喷雾流量	电源	电流	功率	药液瓶容量	雾粒直径	净重	外形尺寸
单位	m	mL/min	V/Hz	A	W	mL	μm	kg	cm
数值	6~8	250	220/50	5	1 200	1 400	≤20	4	45×24×42

3. 空气净化器的结构特点

(1) 空气净化器的定义及其分类

空气净化器是指对室内空气中的固态污染物、气态污染物等具有一定去除能力的电器装置。

在使用空气净化器前，必须了解该空气净化器的主要净化原理。按目前常见的净化工作原理，空气净化器可以分为以下10类（见表3—4）。

表3—4　　　　　　　　　按净化原理分类的空气净化器

代号	主要净化部件名称	净化原理
G	过滤	采用具有很多细孔的纤维状或海绵状物质，当含有固体污染物的气流通过这些细孔时，固体污染物就与细孔周围的物质相碰撞或扩散到四周壁上被孔壁吸附，与气流分离
X	吸附	使用内部充满微孔、每一个微孔的容积与内部表面积都很大的材料作为吸附剂，选择性地将气流中的某一种或多种气体成分浓缩固定在吸附剂的表面微孔上
L	络合	螯合物又称内络合物，是螯合物形成体（中心离子）和某些合乎一定条件的螯合剂（配位体）配合而成的具有环状结构的配合物。"螯合"即成环的意思，犹如螃蟹的两个螯把形成体（中心离子）钳住似的，故叫螯合物
H	化学催化	催化剂可以改变其他物质的反应速率，而本身的质量及化学性质在化学变化前后并不改变。催化剂作用下的化学反应可以加速或者减慢化学反应的速度
P	光催化	利用在一定波长的光线照射下具有很高活性的光催化剂，可以直接杀灭细菌，或分解有机物生成二氧化碳与水
J	静电	利用电晕放电原理产生高浓度的离子（室内环境使用，一般为正离子），使气流中的固体污染物带电，然后借助库仑力的作用将带电的固体污染物捕集到收尘板上，达到除尘的目的
N	负离子	负离子是由于电晕放电、空气被电离而产生的
D	等离子	采用电子辐照或高能放电，可以使空气中的正负离子及大量的自由电子处于激发状态，从而获得巨大的能量，等离子体就是这种高能量激发状态离子群的统称。高能离子与周围的气体相碰撞，将气体分子激活，产生多种自由基。这些活性自由基能对有害气体产生催化氧化、分解等化学反应。上述过程是一个复杂的离子反应过程，完全不同于机械过滤与静电除尘
F	复合	由两种或两种以上净化部件集成组合形成，同时发挥净化功能，取得更好的净化效果

续表

代号	主要净化部件名称	净化原理
Q	其他	无法归类于上述9种空气净化技术的新空气净化技术，如采用化学吸收、液体洗涤以及生物技术的空气净化技术

注：表3—4中的代号摘自国家标准《空气净化器》(GB/T 18801—2008)。

(2) 空气净化器的指标

1) 净化效率（η）。净化效率是指在额定风量下，通过空气净化器前后空气含尘浓度之差与空气净化器前空气含尘浓度之比的百分数，其计算公式为：

$$\eta = \frac{c_1 - c_2}{c_1} \times 100\% = \left(1 - \frac{c_2}{c_1}\right) \times 100\%$$

式中，c_1，c_2 分别为空气净化器前后的空气含尘浓度。

2) 压力损失（单位：Pa）。当气流经过净化装置时，由于阻力的作用而产生能量损失，称为阻力损失或压损。能量损失的数量等于气体在净化器入口处与出口处的能量差，用两处全压差来表示，其计算公式为：

$$\Delta H = \Delta P_1 + \Delta P_2 = Cv^m$$

式中：ΔH——过滤器阻力，Pa；

ΔP_1——滤料阻力，Pa；

ΔP_2——结构阻力，Pa；

v——过滤器滤速，m/s；

m——系数（$m=1\sim2$，纤维性或纸、布滤材的 m 接近1，砾石、瓷环等填料做成的过滤器的 m 接近2）。

3) 容尘量（P，单位：g）。过滤器的容尘量是指过滤器的最大允许沾尘量，当沾尘量超过此值后，过滤器阻力会变大，过滤效率下降。所以，一般规定过滤器的容尘量是指在一定风量作用下，因积尘而阻力达到规定值（一般为初阻力的2倍）时的积尘量。根据空气过滤器额定容尘量的参数，就可以计算空气过滤器的使用寿命。空气过滤器使用寿命的计算公式为：

$$T = \frac{P}{N_1 \times 10^{-3} \times Qt\eta}$$

式中：T——过滤器使用寿命，d；

P——过滤器容尘量，g；

N_1——过滤器前空气的含尘浓度，mg/m³；

Q——过滤器风量，m³/h；

t——过滤器一天的工作时间，h；
η——过滤器的计重效率。

学习单元 2　常见净化设备的维护保养

学习目标

➤ 掌握各种常见净化设备的维护保养的方法
➤ 掌握各种常见净化设备的故障分析与修理方法

知识要求

1. 净化设备的维护保养

设备的维护保养是设备管理工作中的重要环节，设备使用寿命的长短在很大程度上取决于维护保养的好坏。设备在使用过程中，由于自身运动，都将不断地产生性能的劣化，按性质可分为使用劣化、自然劣化和灾害劣化三大类。由于许多内外因素的影响，设备劣化将造成设备故障率上升，使用寿命缩短。正确而及时地进行维护和保养，将减少设备劣化，使设备始终保持正常的技术状态，并有效地延长设备的使用寿命。

（1）设备的检查制度

掌握设备的磨损规律，是做好设备保养的基础。设备检查是掌握设备磨损规律的重要手段。设备检查分日常检查和定期检查两种。日常检查是为了及时发现设备的异常状况，以便进行必要的维护。定期检查是为了全面地、准确地掌握零件磨损的实际情况，以确定是否进行修理。

（2）设备的维修制度

设备的修理，是指修复由于正常的或不正常的原因而引起的设备损坏，它的实质是物质磨损的补偿。修理的基本手段是修复和更换。通过修复或更换，使设备的效能得到恢复。

2. 常见净化设备的故障分析与修理方法

（1）电器方面的常见故障分析与修理方法

作为电器设备，一般的净化设备的电器故障分析与修理方法见表3—5。

表3—5　　　　　　一般的净化设备的电器故障分析与修理方法

故障现象	故障分析	修理方法
电源指示灯不亮	电源线脱落或电源线没有插紧	插紧电源线
	检查熔丝是否熔断	更换合适的熔丝
	控制面板的连线是否松脱	插紧控制面板的连线
	电源控制板损坏	由电器专业人员修理
电源指示灯亮，通风机不工作	通风机电机接线松脱	检查并插紧通风机电机接线
	通风机电机启动电容损坏	更换通风机电机启动电容
	直流电机的整流器损坏	更换直流电机的整流器
通风机工作不正常，有机械杂声	系统吸入异物	排除异物
	通风机风叶动平衡出现问题	校正通风机风叶动平衡

（2）净化设备的常见故障与基本维修方法（见表3—6）

表3—6　　　　　　净化设备的常见故障与基本维修方法

净化设备名称	常见故障	维修方法
通风机	通风机转速不正常，轴承发热	更换轴承，更换热保护器
	通风机风量明显偏小	更换启动电容，检查系统阻力情况
喷雾器	喷雾形成的气溶胶粒子太大	维修空压泵，更换喷枪
	喷雾量减小	维修空压泵或排除喷枪中的异物
过滤式空气净化器	风量减小	更换过滤器
	除尘效率降低	排除过滤器漏风
静电式空气净化器	有噼啪的放电声	维修电场装置及其供电
	除尘效率降低	清洁电场装置
	有臭氧味	清洁或维护电场装置
	不能除尘	维修电场装置和高压电源
吸附式空气净化器	风量减小	更换吸附层
	除气态污染物效率降低	排除吸附层漏风，吸附剂饱和
吸收式空气净化器	除气态污染物效率降低	添加吸收液，排除填层堵塞，排除喷淋系统故障
	不能除气态污染物	维护喷淋水泵
光催化空气净化器	除气态污染物效率降低	光照度下降，更换光源；排除堵塞光催化剂的粉尘

续表

净化设备名称	常见故障	维修方法
光催化空气净化器	不能除气态污染物	光源损坏,更换光源; 光催化剂失效,更换光催化剂
负离子空气净化器	负离子浓度减小	放电极被污染,清洁放电极
	臭氧浓度增加	放电极被污染,清洁放电极
	没有负离子	高压发生器损坏,检修高压电源

 **技能要求**

通风机的维护方法

本操作技能的学习目的是为了按照规范进行通风机维护保养工作,确保通风机各项性能正常。

操作步骤

步骤1 检查绝缘电阻

用500 V摇表检测通风机的电动机线圈绝缘电阻是否在0.5 MΩ以上,否则应烘干处理或修复。

步骤2 检查轴承

检查电动机轴承有无阻滞或异常声响,如有则应更换同型号同规格的轴承。

步骤3 检查风叶

1) 检查电动机风叶有无碰壳现象,如有则应修整处理。

2) 为了不影响叶轮的平衡精度,应定期清除叶轮及通风机内外表面的积灰、污垢,特别是油污等杂质,防止通风机锈蚀。

3) 如发现三角皮带伸长而打滑,应及时调整皮带的松紧度,并保证三角皮带型号和数量的符合。

步骤4 检查涂装

清洁电动机外壳,检查电动机是否脱漆严重,如脱漆严重则应彻底铲除脱落层,重新油漆。

步骤5 维护保养控制柜

工程技术员每年应对通风机的控制柜进行清洁、保养。

1) 用小毛刷和干净干抹布清洁柜内所有元器件,清洁控制柜外壳,务必使柜内无积尘、无污物。

2）检查、紧固所有接线头，对于烧蚀严重的接头应更换。

3）检查柜内所有线头的号码管是否清晰，是否有脱落现象，如有则应整改。

4）清洁交流接触器铁心上的油污及脏物。

5）清除交流接触器灭弧罩内的碳化物和金属颗粒。

6）检查交流接触器复位弹簧的情况。

7）检查热继电器上的绝缘盖板是否完整无损，如损坏则应更换。

8）检查热继电器的导线接头处有无过热痕迹或烧伤，如有则整修处理，达不到要求的应更换。

9）检查热继电器线圈是否烧坏，通断是否灵活可靠，是否符合使用要求。

10）用500 V摇表测量自动空气开关的绝缘电阻，应不低于100 MΩ，否则应烘干处理。

11）自动空气开关在闭合或断开过程中，其可动部分与灭弧室的零件应无卡住现象。

12）检查各信号灯是否正常，如有不亮则应更换同规格的小灯泡。

步骤6 拧紧所有紧固件

注意事项

1．如遇突发性的设备设施故障，可以先组织力量解决，然后写出《事故报告》并上报公司。

2．工程技术员应将上述维护保养工作清晰、完整、规范地记录在维护记录表内，并于每次维护保养后的3天内整理成册存档，保存期为长期。

过滤式空气净化器的故障分析与维修方法

过滤式空气净化器的故障分析与维修方法见表3—7。

表3—7　　　　过滤式空气净化器的故障分析与维修方法

故障现象	故障分析步骤	维修方法
风量减小	步骤1：用风速仪测量净化器出风口的风速 V（m/s）； 步骤2：测量并计算出出风口的面积 A（m^2）； 步骤3：经过计算，得出该净化器的风量 Q，计算公式为： $$Q = V \cdot A \cdot 3\,600$$ 步骤4：与该过滤式空气净化器的额定风量比较，如效率同比下降30%以上，可以判定该净化器存在故障	步骤1：维护风机系统； 步骤2：更换过滤部件

续表

故障现象	故障分析步骤	维修方法
净化效率降低	步骤1：打开激光尘埃粒子浓度测试仪，测试室内本底的尘埃粒子浓度 C_1； 步骤2：开启空气净化器； 步骤3：使用激光尘埃粒子浓度测试仪分别测试空气净化器工作20、40、60 min时的尘埃粒子浓度 C_{20}、C_{40}、C_{60}； 步骤4：计算20、40、60 min后的净化效率，公式为： $\eta(20) = (C_1 - C_{20})/C_1$ $\eta(40) = (C_1 - C_{40})/C_1$ $\eta(60) = (C_1 - C_{60})/C_1$ 步骤5：与该空气净化器的标准比较，如效率同比下降50%，可以判定该净化器存在故障	步骤1：维护风机系统； 步骤2：检查并维修过滤部件的漏风故障； 步骤3：更换过滤部件

静电式空气净化器的故障分析与维修方法

静电式空气净化器的故障分析与维修方法见表3—8。

表3—8　　静电式空气净化器的故障分析与维修方法

故障现象	故障分析步骤	维修方法
净化效率降低	步骤1：打开激光尘埃粒子浓度测试仪，测试室内本底的尘埃粒子浓度 C_1； 步骤2：开启空气净化器； 步骤3：使用激光尘埃粒子浓度测试仪分别测试空气净化器工作20、40、60 min时的尘埃粒子浓度 C_{20}、C_{40}、C_{60}； 步骤4：计算20、40、60 min后的净化效率，公式为： $\eta(20) = (C_1 - C_{20})/C_1$ $\eta(40) = (C_1 - C_{40})/C_1$ $\eta(60) = (C_1 - C_{60})/C_1$ 步骤5：与该静电式空气净化器的标准比较，如效率同比下降50%，可以判定该净化器存在故障	步骤1：维护风机系统； 步骤2：采用高压测试仪检查并维修静电场高压输出情况； 步骤3：采用绝缘电阻表测试静电场装置的绝缘情况； 步骤4：采用电流表测试静电场工作电流情况； 步骤5：检查高压供电连线与高压电源的工作情况； 步骤6：清洗或更换静电场部件
臭氧浓度增加，电场内有噼啪的声响	步骤1：检查静电场装置的电晕区有否断线现象； 步骤2：检查静电场收尘极的积灰情况	步骤1：修复电晕极； 步骤2：清洗或更换静电场装置

吸附式空气净化器的故障分析与维修方法

吸附式空气净化器的故障分析与维修方法见表3—9。

表3—9　　　　　　　吸附式空气净化器的故障分析与维修方法

故障现象	故障分析步骤	维修方法
风量减小	步骤1：用风速仪测量净化器出风口的风速 V（m/s）； 步骤2：测量并计算出出风口的面积 A（m^2）； 步骤3：经过计算，得出该净化器的风量 Q，计算公式为： $$Q = V \cdot A \cdot 3\,600$$ 步骤4：与该空气净化器的额定风量比较，如效率同比下降30%以上，可以判定该净化器存在故障	步骤1：维护风机系统； 步骤2：过滤或吸附部件堵塞，阻力增加，更换吸附部件
净化效率降低	步骤1：打开气体浓度测试仪测试室内本底的污染气体浓度 C_1； 步骤2：开启空气净化器； 步骤3：使用气体浓度测试仪测试空气净化器工作60 min时的气体浓度 C_{60}； 步骤4：计算60 min后的净化效率，公式为： $$\eta(60) = (C_1 - C_{60})/C_1$$ 步骤5：与该空气净化器的标准比较，如效率同比下降50%，可以判定该净化器存在故障	吸附介质失效，进行更换

负离子空气净化器的故障分析与维修方法

负离子空气净化器的故障分析与维修方法见表3—10。

表3—10　　　　　　　负离子空气净化器的故障分析与维修方法

故障现象	故障分析步骤	维修方法
高压指示灯不亮，风扇不转	步骤1：检查熔丝管是否熔断，若已断，应查清原因后再替换； 步骤2：检查升压变压器线圈是否烧坏，可用万用表测其阻值，检验线圈有否开路或短路； 步骤3：检查倍压整流电路的整流管、电容是否损坏，振荡器是否停振。用万用表对相关元件逐一检测	步骤1：更换相同规格的熔丝管； 步骤2：更换同型号变压器； 步骤3：维修电器部件
高压指示灯亮，但风扇不转	步骤1：检查扇叶是否被异物卡住，轴承是否严重磨损； 步骤2：检查电机引线是否断路以及绕组是否损坏。用万用表测量，若绕组开路或短路，应替换同规格的风扇电机	维修风机与电机组件
负离子发生器极间打火	步骤1：检查负离子发生极（形成电晕放电的针尖、细线或碳纤维）是否被污染了； 步骤2：正、负极片弯曲变形； 步骤3：高压电路发生故障，用万用表检查升压变压器、整流管、电容等	步骤1：清洗电极； 步骤2：维修电极； 步骤3：维修电器部件
负离子浓度较低	使用大气离子浓度测试仪测试负离子量 步骤1：将大气离子浓度测试仪调节到测试大气负离子工作挡位；	

续表

故障现象	故障分析步骤	维修方法
负离子浓度较低	步骤2：将大气离子浓度测试仪放置在离负离子空气净化器发射窗 30 cm 的位置； 步骤3：分别开启负离子空气净化器与大气离子浓度测试仪； 步骤4：分别调整负离子空气净化器与大气离子浓度测试仪的相对位置，使大气离子浓度测试仪测试到的负离子浓度为最大； 步骤5：读出大气离子浓度测试仪测试到的负离子浓度，并与自然空气中的大气离子浓度进行比对	步骤1：清洗电极、维修电极； 步骤2：修复或掉换高压发生器； 步骤3：检查并维修供电电源

第 2 节　常见净化、消毒药剂的管理

学习单元 1　常见净化、消毒药剂的基本性能

学习目标

➢ 了解常见净化药剂的基本性能
➢ 了解常见消毒药剂的基本性能

知识要求

1. 常见净化药剂的基本性能

常见净化药剂有光催化剂、化学催化剂、甲醛清除剂与植物去味剂。

(1) 光催化剂

1) 光催化剂的概念。触媒在化学中称为催化剂，它能降低化学反应所需要的能量，缩短反应时间而本身却不发生变化。在化学中，这种由催化剂参与的反应一般需要有较高的温度。催化剂大多为贵稀金属。光催化剂是指在特定波长的光源（如紫外线）作用下能在常温参与催化反应的物质。二氧化钛（TiO_2）即为一

种典型的光触媒物质。在特定波长光源（如紫外线）作用下，光源的能量激发 TiO_2 周围的分子，产生活性极强的自由基。这些氧化能力极强的自由基可以分解绝大部分有机物质与部分无机物质，形成对人体无害的 CO_2 与 H_2O。自由基还能破坏细菌的细胞膜，使细胞质流失，进而氧化细胞核，杀死细菌。

光催化剂作为 21 世纪的新材料，已引起了各方面的重视。目前，先进国家已将光催化剂技术用于去除高速公路上的氮氧化物、地下水中的致癌物，用于下水道、港湾的废油处理，也有用于居室空间的表面材料处理。这些处理方法应用的是光催化剂材料对有害物质具有长期的、缓慢的净化效应的性能。

2）光催化剂的缺陷。有人试图将光催化剂技术用于空调、空气净化器以解决室内空气污染的问题，但是许多应用上的问题还需要逐步解决。

①催化反应需要一定的反应时间，但空调或空气净化器中，气体的流速一般为 2~3 m/s，如内置光触媒材料，则反应的时间仅为几个微秒。显然，进行催化反应的时间是远远不够的。

②如受到空气中微尘的阻塞及污染，TiO_2 表面的活性将大幅下降。

③氨、硫化氢氧化后会形成硝酸或硫酸，使 TiO_2 的活性降低。

④光催化剂作为催化剂，其使用寿命在理论上是永久的。但由于上述原因以及紫外线光源的使用寿命有限，实际上光催化剂的应用寿命仅为几百小时。

(2) 化学催化剂

在室内环境治理过程与空气净化设备中，会用到化学催化剂。在化学催化剂的作用下，空气中的气态污染物会变成无害物质，或转化为其他易于除去的物质。

一般使用的空气净化催化剂的组分可以分为活性组分、助催化剂及载体。

催化剂的活性会随使用时间增加而缓慢下降。造成催化剂活性下降甚至失去活性的主要原因是玷污与中毒。催化剂的中毒是指少量或微量的某些杂质使催化剂活性下降，这些杂质可能来自室内或室外的空气，也可能来自催化反应中某些中间产物甚至是反应物。

理论上催化剂的使用寿命是永久的，但是由于腐蚀、破损、风化、摩擦、蒸发等因素会导致活性组分损耗，造成催化剂老化。

催化氧化技术广泛用于室内空气净化，它用含有催化剂的净化材料，将空气中的气态污染物催化氧化，生成对人体无害或者危害小的物质。例如，利用含二氧化锰的催化剂可分解臭氧为氧气。近年来，在比表面积比活性炭更大的活性炭纤维（约 200 m^2/g）上负载活性化学物质，制备出具有很强去污、抗菌作用的净化材料，有很好的应用前景。

贵金属催化剂是一种能改变化学反应速度而本身又不参与反应的贵金属材料。几乎所有的贵金属都可用作催化剂，但常用的是铂、钯、铑、银、钌等，其中尤以铂、铑应用最广泛。它们的 d 电子轨道都未填满，表面易吸附反应物，且强度适中，利于形成中间"活性化合物"，具有较高的催化活性，同时还具有耐高温、抗氧化、耐腐蚀等综合优良特性，成为最重要的催化剂材料。

最近，有人研究出在室温下采用负载型贵金属催化剂氧化甲醛的反应机理，建立了成型催化剂和甲醛净化组件的制备生产工艺。也有人研究出以 SiO_2 为载体，V_2O_5 和 TiO_2 作为活性成分，制备出负载型催化剂，对甲苯的去除效果最好。

(3) 甲醛清除剂

甲醛是室内空气中的主要化学污染物，主要来源于装饰装修材料。在进行室内环境治理时，有多种甲醛清除剂可以被选用。这些甲醛清除剂大多是化学试剂，与甲醛反应后成为不易挥发的、稳定的其他化合物，不再具有甲醛的毒性。

1) 活性基团型甲醛清除剂。这种甲醛清除剂具有易与甲醛分子结合的活性基团。当人造板涂刷甲醛清除剂后，人造板面就具有了足够的能清除板内游离甲醛的改性木质素类物质，当游离甲醛分子向浓度较低的板面移动时，活性基团可以吸附和捕捉甲醛分子，并与之结合，生成无毒无味的木质素胶类高分子网状化合物。

当板内游离甲醛沿板材内空隙向外释放时，靠近板材外表面的游离甲醛首先被清除剂吸附、捕捉、聚合、清除，形成一个游离甲醛浓度较低的区域，按照气体的运动规律（总是从浓度高处向浓度低处运动），板内游离甲醛不断地从中间向板材两表面移动，最终被甲醛清除剂彻底清除。

2) 成膜型甲醛清除剂。成膜型甲醛清除剂施用以后，会在甲醛污染源外层形成一层保护膜。用这种方法结合封边的方法处理人造板，可以把甲醛浓度降低到基值的 1.67%。

3) 高分子树脂型甲醛清除剂。在甲醛污染源外层涂敷一层高分子树脂型甲醛清除剂，这种高分子树脂有活性基团可以与甲醛反应，接枝到高分子树脂的大分子上，成为大分子的一部分。一个大分子可以接枝成千上万个甲醛分子，因此有效去除甲醛的时间可以大大地延长。

(4) 植物去味剂

使用植物提取液去除异味是一大主流。但是，不同的植物提取液与臭气的作用机理是不同的，通常有四种情况。

1) 反应型植物提取液。这种植物提取液可与臭气分子反应，生成无毒无味的产物。在实际工作中，可以通过测量作用前后臭气分子浓度的变化来说明。

2) 屏蔽型植物提取液。这种植物提取液会改变臭气分子的聚集状态，或者说是改变了臭气的物理形态，可以改变人们对臭气的敏感程度。但是，臭气的浓度在处理前后没有变化。

3) 掩盖型植物提取液。掩盖型植物提取液既不会与臭气分子反应，又不会改变臭气分子的物理形态。在空气中，因加入了这种植物提取液，改变了空气中臭气浓度的比例，进而使人们闻到香味，用香味遮盖了臭味。

4) 香精型植物提取液。实际上就是香精，它常常用于臭气浓度较低的场所。

在实际工作中，每一种植物提取液常常包含了以上几种成分，所不同是以哪一种为主。这种采用气溶胶喷雾法去除异臭味的方法已广泛用于市政部门、环卫部门、工业部门、商业部门、医院护理中心以及家庭，具体包括住宅装修异味控制、宾馆、写字楼、餐厅、购物中心、候车室、娱乐中心、比赛场、公厕、农（畜）牧行业、皮革行业、塑料、制药、化工、鱼类加工、饲料行业、食品加工、污水处理、屠宰场、垃圾站（场）等几乎所有有异味的场所。这些异味的化学组成主要是苯、甲苯、甲醛、聚甲醛、甲醇、酯、酮等，不同的化学组成对人的感觉不同，对人的健康造成的影响也不同。

2. 常见消毒药剂的基本性能

常见消毒药剂按其消毒性能来分，可以分为强、中、低三种。表3—11为常见高效消毒药剂的基本性能，表3—12为常见中效消毒药剂的基本性能，表3—13为常见低效消毒药剂的基本性能，表3—14为采用气溶胶喷雾消毒时，使用的药物剂量、作用时间及杀灭效果的相关参数。

表3—11　　　　　常见高效消毒药剂的基本性能

消毒药剂	酸性氧化电位水	二氧化氯	戊二醛	过氧化氢	过氧乙酸
杀菌谱	广	广	广	广	广
毒副作用	无	有	有	有	有
对皮肤刺激性	无	有	有	有	有
应用范围	广	局限	局限	局限	局限
饮服	可以	不可以	不可以	不可以	不可以
常用浓度	原液	500 mg/L	2%	3%～10%	0.2%～1.0%
消毒时间/min	0.5～45	30	20～60	10～30	10～60
对金属腐蚀性	轻	强	强	强	强

续表

消毒药剂	酸性氧化电位水	二氧化氯	戊二醛	过氧化氢	过氧乙酸
气味	轻微	强	强	强	强
对光学镜面的损伤	无	有	有	有	有
对有机物的影响	有	有	有	有	有
家庭是否可用	可	不可	不可	不可	不可
是否有残留	无	有	有	有	有
可否洗果蔬	可	不可	不可	不可	不可
成本/（元/L）	0.04	16	5	2.6	14

表 3—12　　常见中效消毒药剂的基本性能

消毒药剂	含氯消毒剂	碘伏	碘酊	乙醇	84 消毒液
杀菌谱	广	广	广	广	广
毒副作用	有	有	有	有	有
对皮肤刺激性	有	有	有	轻度	有
应用范围	局限	局限	局限	局限	局限
饮服	不可以	不可以	不可以	不可以	不可以
常用浓度	200～500 mg/L	0.5%～1.0%	2%	75%	0.2%～1.0%
消毒时间/min	10～300	2～30	20～60	10～30	10～30
对金属腐蚀性	中	中	中	中	中
气味	强	中度	中度	中度	强
对光学镜面的损伤	有	有	有	—	有
对有机物的影响	有	有	有	有	有
家庭是否可用	可以	不可以	可以	可以	可以
是否有残留	有	有	有	有	有
可否洗果蔬	不可	不可	不可	不可	不可
成本/（元/L）	—	7	15	18	4.8

表 3—13　　常见低效消毒药剂的基本性能

消毒药剂	洗必泰碘	新洁尔灭	中草药消毒剂
杀菌谱	广	广	广
毒副作用	有	轻度	轻度
对皮肤刺激性	有	有	有
应用范围	局限	局限	局限
饮服	不可以	不可以	不可以
常用浓度	0.1%～0.5%	0.1%～0.5%	原液

续表

消毒药剂	洗必泰碘	新洁尔灭	中草药消毒剂
消毒时间/min	5~30	10~60	30~90
对金属腐蚀性	轻	轻	轻
气味	中度	轻度	中度
对光学镜面的损伤	有	轻度	有
对有机物的影响	有	有	有
家庭是否可用	可以	可以	可以
是否有残留	有	有	无
可否洗果蔬	不可	不可	不可
成本/（元/L）	—	5	20

表3—14　　　气溶胶喷雾消毒使用的药物剂量及相关参数

消毒对象	药物名称	浓度/%	用量/（mL/m³）	杀菌种类	作用时间/min	杀灭效果/%
医院学校工厂公交车站	过氧乙酸	0.8	20~40	芽孢菌	15	>99.9
		0.5	20~40	细菌繁殖体	5	>99.9
	H_2O_2	3.0	20~40	芽孢菌	60	>99.9
		1.0	20~40	细菌繁殖体	30	>99.9
	次氯酸钠	0.5	20~40	芽孢菌	15	>99.9
		0.05	20~40	细菌繁殖体	5	>99.9
养鸡场	过氧乙酸	0.8	20~40	各种微生物	30	>99.9
	H_2O_2	1.5	20~40	各种微生物	60	>99

学习单元2　常见净化、消毒药剂的核验与储存

学习目标

➢ 了解常见净化、消毒药剂的有效性
➢ 了解常见净化、消毒药剂的储存方法

 知识要求

1. 常见净化、消毒药剂的有效性

在进行室内环境治理与消毒时要使用到各种药剂。室内环境治理员要了解和掌握各种药剂有效性核验与保存的要点,以便更好地使用并发挥各种药剂在室内环境治理中的作用。以下介绍几种室内环境治理常用药剂的与有效性有关的指标。

(1) 光催化剂的有效性

表 3—15 为判断光催化剂是否合格、有效的指标数据。

表 3—15　　判断光催化剂是否合格、有效的指标数据

	合格	不合格
颜色	一种为蓝白色、透明状,正对着光看为金黄色;一种为乳白色,无沉淀、分层。质量好的光催化喷剂在光照下没有任何颜色上的变化	有暗黑色,呈糨糊状
气味	无任何异味,有时在施工过程中要添加胶合剂可能会有一些气味,但施工结束后很快会散去	有酒精、树脂及其他有机物挥发的异味
光照试验	在光照下没有产品的颜色变化	在阳光的直射下几小时内会变黑
pH	中性,pH=7	pH 大于或小于 7
质感	喷到手上干燥后,无滑腻感,无任何黏性	有滑腻感或呈黏性
附着性	喷于物体表面干燥后会表现出较大的黏附性,用 1H 硬度的铅笔涂抹,不会破坏表面涂层	没有黏附性或黏附性不好
干燥时间	≤10 s	>10 s
粒子直径	5~30 nm	>30 nm

(2) 酸性氧化电位水的有效性

表 3—16 为判断酸性氧化电位水是否合格、有效的指标数据。

表 3—16　　判断酸性氧化电位水是否合格、有效的指标数据

项目	指标
外观	无色
气味	略显酸性气味
氧化还原电位(ORP,mV)	≥1 050
pH	≤2.7
有效氯浓度/(mg/L)	≤60

(3) 二氧化氯的有效性

表 3—17 为判断二氧化氯是否合格、有效的指标数据。

表 3—17　　　　判断二氧化氯是否合格、有效的指标数据

项目	指标
外观	无色或略带黄色的透明液体
活化物含量/%	≥2.0
密度（20℃）/（g/cm³）	≥1.02
pH	≥8.0

2. 常见净化、消毒药剂的储存方法

表 3—18 为常见净化药剂的储存方法，表 3—19 为常见消毒药剂的储存方法。

表 3—18　　　　　　常见净化药剂的储存方法

净化药剂名称	储存方法
光催化剂	常温保存，避免日晒，保质期 2 年
化学催化剂	常温保存，避免日晒、雨淋，注意通风，保质期 2 年
甲醛清除剂	常温保存，避免日晒、雨淋，注意通风，保质期 2 年
植物去味剂	防水、防爆，常温避光保存，可保存 2 年左右

表 3—19　　　　　　常见消毒药剂的储存方法

消毒药剂名称	储存方法
酸性氧化电位水	室温避光，用深色玻璃瓶存放，现制，当天使用
二氧化氯	储存应避光、避热，储存温度低于 10℃； 避免与有机产品放在一起； 防火、防爆、防潮、防雷、防静电、防腐蚀； 库房要阴凉、干燥、通风良好，并设专人管理； 严禁明火、远离热源、避免阳光直射，防止室温过高； 轻装轻卸，防止震动和撞击，防止包装及容器损坏，禁止使用易产生火花的机械工具
戊二醛	室温或更低温度下保存，在 25℃ 和 37℃ 等温度下存放 1 年； 存放材料可以用 304 型和 316 型不锈钢、玻璃纤维增强塑料、聚酯、聚乙烯酯、高密度聚乙烯等
过氧化氢	应存放在阴凉、通风、避免阳光直射的地方，避开高温，未使用完的消毒剂的瓶盖不要拧得太紧； 防火措施：注意放在阴凉、通风、儿童不易接触的地方
过氧乙酸	应存放在阴凉、通风、避免阳光直射的地方，避开高温，未使用完的消毒剂的瓶盖不要拧得太紧； 防止剧烈振荡，防止倾斜，防止曝晒，不宜长途运输； 防火措施：在室温阴凉避光处，用聚乙烯瓶存放，可储存 1 年，不宜用玻璃瓶存放
84 消毒液	要避光避热，一般产品在室温（25℃ 以下）可储存 10 个月以上

 **技能要求**

核验净化药剂的有效性

以甲醛清除剂为例,叙述核验净化药剂有效性的步骤。

操作步骤

步骤1 物理性能判断

检查项目	合　格
证件检查	确认生产厂名称、合格证、标贴与使用说明书
标贴	确认没有超过标贴上注明的有效期
颜色	正对着光观察,无沉淀、无分层
气味	无刺激性异味,有时药剂配方中允许添加微量的食物香精
pH	对照产品说明书的规定
质感	喷到手上干燥后,无滑腻感,无任何黏性

步骤2 测定未经过甲醛清除剂处理的甲醛浓度

1)准备一个带有锁扣的玻璃瓶,如图3—7所示。

2)准备几块人造板、毛刷与待核验的甲醛清除剂,如图3—8所示。

图3—7 带有锁扣的玻璃瓶

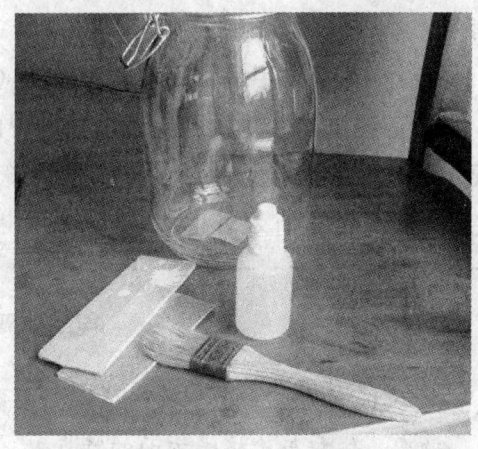

图3—8 人造板、毛刷与待核验的甲醛清除剂

3）将人造板放入玻璃瓶中，合上锁扣，如图3—9所示。

4）10 min后，使用甲醛测试仪测试玻璃瓶中的甲醛浓度，如图3—10所示。图中显示数据为0.469×10^{-6} mL/m³，此数据为未经过甲醛清除剂处理的人造板散发到玻璃瓶中的甲醛浓度。

图3—9 将人造板放入玻璃瓶中　　　　图3—10 测试玻璃瓶中的甲醛浓度

步骤3　测试甲醛清除剂的有效性（10 min后）

取出人造板，将甲醛清除剂涂刷在人造板上，放入玻璃瓶中（见图3—9）。经过10 min后，使用步骤2中的甲醛测试仪，再次测试玻璃瓶中的甲醛浓度（见图3—10）。如果显示的数据低于步骤2中数据的50%，则初步判定该甲醛清除剂有效。

步骤4　测试甲醛清除剂的有效性（24 h后）

合上锁扣，24 h后再次使用同一甲醛测试仪测试玻璃瓶中的甲醛浓度。如果显示的数据仍低于步骤2中数据的50%，说明人造板中甲醛没有继续逸出，则判定该甲醛清除剂有效。

思考题

1. 通风机有哪些性能参数？试比较离心式通风机与轴流式通风机的风压、噪声、效率、体积与价格等方面的特点。

2. 根据净化原理进行分类，目前商业化的空气净化器可以分成哪些？

3. 空气净化器的低碳指标有哪些？哪一类空气净化器的低碳指标比较先进？

4. 请叙述通风机的维修步骤。

5. 请叙述过滤式空气净化器阻力增加的原因及其维修方法。

6. 请叙述静电式空气净化器臭氧浓度增加的原因及其维修方法。

7. 请叙述吸附式空气净化器净化效率较低的原因及其维修方法。

8. 请叙述负离子空气净化器输出浓度低的原因。

9. 常见的用于室内环境治理的净化药剂有哪些？

10. 判断光催化剂是否有效的指标有哪些？

11. 如何检验酸性氧化电位水的有效性？

12. 常用的消毒剂按消毒性能分，可以分几类？说出各类中1~2种消毒剂的名称。

13. 以甲醛清除剂为例，叙述核验室内环境治理净化药剂有效性的步骤。